# 初等數學

程守慶 著

Ainosco Press

# 目錄

推薦序（一）：李華介教授 … v

推薦序（二）：吳宗芳教授 … xi

自序 … xiii

## 第 1 章　基本運算　1

§1.1 數的認識 … 1

§1.2 加法 … 3

§1.3 減法 … 10

§1.4 乘法 … 16

§1.5 除法 … 26

## 第 2 章　因數與倍數　39

§2.1 因數 … 39

§2.2 倍數 … 44

§2.3 倍數檢驗法 . . . . . . . . . . . . . . . . . . . . . 49

§2.4 定理 2.2.8 的證明 . . . . . . . . . . . . . . . . . 58

## 第 3 章　分數與比值　　　　　　　　　　　　63

§3.1 分數與比值 . . . . . . . . . . . . . . . . . . . . . 63

§3.2 分數的加法 . . . . . . . . . . . . . . . . . . . . . 66

§3.3 分數的減法 . . . . . . . . . . . . . . . . . . . . . 74

§3.4 分數的乘法 . . . . . . . . . . . . . . . . . . . . . 76

§3.5 分數的除法 . . . . . . . . . . . . . . . . . . . . . 81

## 第 4 章　小數　　　　　　　　　　　　　　　　85

§4.1 小數 . . . . . . . . . . . . . . . . . . . . . . . . . 85

§4.2 小數的加法 . . . . . . . . . . . . . . . . . . . . . 89

§4.3 小數的減法 . . . . . . . . . . . . . . . . . . . . . 92

§4.4 小數的乘法 . . . . . . . . . . . . . . . . . . . . . 94

§4.5 小數的除法 . . . . . . . . . . . . . . . . . . . . . 97

§4.6 循環小數 . . . . . . . . . . . . . . . . . . . . . . 103

## 第 5 章　混合四則運算與不等式　　　　　　　111

§5.1 負數的定義 . . . . . . . . . . . . . . . . . . . . . 111

§5.2 混合四則運算（一） . . . . . . . . . . . . . . . . 117

§5.3 混合四則運算（二）：括號的運用 . . . . . . . . 124

§5.4 不等式 . . . . . . . . . . . . . . . . . . . . . . . . 129

# 目錄

## 第 6 章　幾何圖形、周長與面積　　133
§6.1　直線與角 ............................. 133
§6.2　多邊形 ............................... 137
　　6.2.1　正方形與長方形 ................. 139
　　6.2.2　平行四邊形 ..................... 141
　　6.2.3　三角形 ......................... 143
　　6.2.4　梯形 ........................... 147
§6.3　畢氏定理與根號 ....................... 150
§6.4　圓與扇形 ............................. 160
§6.5　圓周率的簡易求法 ..................... 167

## 第 7 章　體積與容積　　173
§7.1　正方體與長方體 ....................... 173
§7.2　柱體 ................................. 177
§7.3　錐體 ................................. 182
§7.4　容積 ................................. 202

## 第 8 章　應用問題　　207
§8.1　時間問題 ............................. 207
§8.2　流水問題 ............................. 210
§8.3　植樹問題 ............................. 212
§8.4　火車過橋問題 ......................... 215
§8.5　雞兔同籠問題 ......................... 216
§8.6　排列組合 ............................. 220

§8.7 韓信點兵 . . . . . . . . . . . . . . . . . . . . . 226

**解答** **233**

# 推薦序（一）

程守慶教授在清華大學不僅在學術研究上有卓越的表現，在教學方面也以治學嚴謹著稱。雖然程教授的課程要求相當嚴格，不過清華大學的學生並不會因為修習他的課程較吃力而懼怕。反而學生相當踴躍修習程教授的課程，因為大家都知道跟著程教授可以扎實學到許多數學。或許大部分的人沒有機會親自選讀程教授的課程，不過程教授不僅有關於多複變的高等數學專書著作，還有這本《初等數學》及較進階的《數學：讀、想》，現在不同數學背景的讀者都可以透過程教授寫的書一睹他的風采。

打開本書的第一頁我便被程教授的企圖心嚇了一跳。他竟然想從最基本的整數四則運算談起，而在短短篇幅內要從代數的運算介紹到幾何運用。也就是說，他希望從零開始，帶著我們瞭解到從自然數到無理數（例如圓周率）的演進過程。本書不像一般數學課本受到課綱教條式的框架，程教授擺脫這些羈絆，依他個人的經驗在短短的幾百頁中就涵蓋了

國小、國中所應知的數學內容。例如一開始程教授用具體的數字一步一步述說它們的運算規則。不過很快地，他就引進了一些抽象的符號來表示任意的數字。讓讀者瞭解這些抽象的符號並不可怕。雖然你不知道這些符號的值是多少，但是只要它們符合一般數字的運算規則，這樣推導出來的結果，就會對所有的數都成立。這讓讀者瞭解到，不能僅由幾個具體的例子所得的結論來當作論證，而慢慢感受到用抽象符號代表任意數字，利用已知的規則推導出對所有情況皆成立的性質，這樣的邏輯論證的樂趣。

目前國內有關於中小學的數學課程綱要，由於著重於數學基本能力之普及再加上考試領導教學的思維，課綱已不是要求數學所需的最低門檻，反而去限制了許多較深入的課題的教導。弱化了一些較抽象的邏輯推演，因而捨去了一些重要的數學概念的推導。這也造成學生到大學後修習一些數理方面的課程，先備知識及數學素養不足的問題。例如模，這個整數的同餘概念，在數學上是重要的。它不只是古典整數論中的重要概念，對於近代資訊科學的運用，編碼和密碼的發展都是以它為根源。但這些概念在現行各級的數學課綱中都未列出。然而在許多數學競試中，利用模的概念來處理的題目可說是比比皆是。我們甚至可以發現目前許多大學理工科系在申請入學筆試部分都會看到這方面的試題，可見這個概念的重要性。程教授也很巧妙地在介紹完整數的乘、除後介紹了同餘概念。然後利用它證明了一些有趣的因數判別方

推薦序（一）：李華介教授

法。這不僅讓讀者瞭解這一個重要的數學概念，也讓讀者理解有時運用一些數學的符號與概念，確實可達到事半功倍之效。這也充分表達了程教授的宗旨：數學並不是那麼難以親近，只要把基本的結構弄清楚，就可以將之運用自如，來解決一些生活上的問題。

現在電子產品日益發達，學生更常接觸到電腦、計算器等計算輔助工具。然而個人覺得學習數學不能因此而忽略了自己的計算能力。在任何的數學知識學習的過程中，應該是在學習之初細部講究動手認真的計算。因為在這個階段，唯有仔細動手計算，方能體會各種細節，而瞭解甚而發現可能的性質。待瞭解這些規則或性質後，才以電腦等輔助工具處理大量的計算以驗證這些性質的可行性，進而推導出正確的結論。這一點程教授應該看法與我相近，所以程教授才會在一開始，仍循循善誘教導如何動手處理四則運算。本書編寫方式是循序漸進的。讀者若對某些章節已有深刻認識，可以跳過該章節繼續下一章節的內容。不過仍提醒不妨動手做做該章節的習題，確保對所提內容已有深入瞭解。習題的編排也是漸進式的，有些題目前後兩題看似相似，不過很可能會有很大的差異；也有可能是引導讀者從中找到規律性，進而體會或推導出有趣的性質。全書就是這樣一步一步扎扎實實地演算再推廣。例如，到了第 6 章瞭解了畢氏定理，我們便可以利用計算直角三角形的邊長關係，知道如何計算圓內接正六邊形的周長，進而算出內接正十二邊形的周長。在這

過程中，可以慢慢瞭解將邊數成兩倍增加時整個計算的規律性。我們會算這些多邊形「直直的」邊長，至於圓的周長是「圓圓的」要怎麼算呢？我們可以將多邊形的邊慢慢地增加讓它後來愈來愈接近圓。這時候由剛才的規律性，我們就可利用電腦或計算器幫助我們計算這些多邊形的邊長，而得到圓周長的近似值，因此也就得到了圓周率的近似值了。事實上圓周率的近似值有許多種算法，有的雖然很快就能得到很好的近似值，不過大多需要許多更進階的數學知識。程教授選擇這種較直覺式的方式求圓周率的近似值，再再表達了他的宗旨：數學並不是那麼難以親近，只要把基本的結構弄清楚，就可以將之運用自如，來解決一些生活上的問題。

在學習了前幾章的基本知識後，本書的最後一章便是希望利用前面所學來處理生活上數學問題的應用。從用聯立方程組處理雞兔同籠的問題、到高一學習的排列組合問題，甚而到前面所述與同餘相關且非常重要的中國剩餘定理，皆在這精采的最後一章出現。這再一次表達了程教授的宗旨：數學並不是那麼難以親近，只要把基本的結構弄清楚，就可以將之運用自如，來解決一些生活上的問題。因為這是本書的重點，很重要，所以我說了三遍。在程教授《數學：讀、想》的自序中，他提到這樣的看法。我們可以理解程教授推廣普及數學的心願。他相信對於數學理論的扎實理解，可以深化對數學理論的推廣與應用。

前面提過，現行的數學課程綱要對於想更深入瞭解理工

推薦序（一）：李華介教授

方面理論的同學是稍嫌不足的。所以對於理工方面有興趣的中小學生，個人是很鼓勵多閱讀一些數學的課外書目，以彌補這方面的不足。例如本書就非常適合國小中年級以上對數學有興趣，希望能早一點體會數學的思考模式，讓自己數學思維更成熟的同學。老師或家長需瞭解，本書並不適合對數學毫無興趣的小孩。它既無有趣的故事，也無生動的漫畫來吸引小朋友獲得對數學較片面的認識。它是扎扎實實地從最基本的計算開始來打好數學的根基。所以若老師或家長，覺得學生對數學有自然的興趣與潛力，那就非常鼓勵閱讀本書。另外對於一般愛好數學的社會人士，若想再次瞭解一些基礎的數學概念、或對程教授另一作品《數學：讀、想》有興趣，但對一些概念的推導不熟悉，也非常推薦先閱讀本書。

國立臺灣師範大學數學系教授

李華介

# 推薦序（二）

　　數學為自然科學與社會科學領域中的重要工具之一，亦是台灣相當重視的學科，父母在孩子學齡前就想著如何讓孩子學好數學，增加未來在學業與工作上的競爭力。然而目前在培養孩子的數學能力時，一般都是以算數能力為主，殊不知邏輯與未知數（代數）才是學習好數學的基本能力，而國立清華大學數學系程守慶特聘教授新出版的《初等數學》，剛好可以讓父母在孩子國小階段時，一起和小孩研讀與學習，並可在每一單元出現需要邏輯思考或出現未知數時，利用孩子生活周遭所知之人事物當作例子來教導，或許一開始對父母與孩子皆是比較困難的一件事，但是在持續一段時間後，就會發現孩子在數學學習上的正向改變。實際上，本書在初稿階段時，家中老大剛好也在啟蒙階段，而本人亦是利用本書的學習進程，讓小孩在國小階段時，就學習完大部分的內容，如此在進入國中階段時就已具備數學自我學習與思考能力，同時也因如此，影響家中老二的數學學習與對數學的熱

愛。

　　本書從數的認識漸漸走到四則運算、因數與倍數、分數與比值、小數後，直至第 5 章的混合四則運算與不等式，都是讓小孩有完整對於數的基本能力，在第 6、7 章開始講到平面與三維空間基本的幾何概念（多邊形）。而最後的第 8 章呈現許多從第 1 章到第 7 章的應用題，可以在學習每一章時，搭配應用題，增加把數學應用到解決生活中問題的能力，這亦是現今 108 課綱所強調之素養能力。

國立高雄大學應用數學系特聘教授<br>
吳宗芳

# 自序

　　寫這本書最主要的目的，是想提供小朋友們一本可以自我學習的數學圖書。基本上，這本書的內容涵蓋了大部分小學階段所必須具備的數學知識與教材。書中的內容是以較傳統的方式來講解。我們希望小朋友們能透過閱讀、經由思考，從而領會數學的奧秘，掌握數學的技巧。長時期的堅持，不斷的練習，是把數學學好的必備條件，也是唯一的法則。學習數學，就是要認識它、瞭解它，進而充分地掌握它，達到運用自如的效果。我們希望這本書能幫助小朋友們達到這樣的目的。

　　學習數學並沒有所謂的時間表，也就是說，沒有所謂哪一部分的數學才是屬於小學階段應該學的，哪一部分的數學才是屬於中學階段應該學的。這樣的劃分是不必要的，也沒有意義的。在上面我們說，這本書的內容涵蓋了大部分小學階段所必須具備的數學知識與教材，只是意味著此部分的內容是比較適合小朋友這個年齡層來學的，他們也比較能學

懂，同時也對下一個階段的學習做好準備。因此，這本書的編寫原則上是希望小朋友們能在小學六年裡面把它學會就行了，而不是要小朋友在一、二年或三、四年內就把它讀完。對有些小朋友來說，在三、四年，甚至五、六年內要把它讀完學會，仍然是有困難的。所以在學習的過程上，不要太過於急躁，務必把學過的章節完全融會貫通，運用自如。反覆地交叉參考、複習不失為良好的學習方式。但是對於那些學習較快的小朋友，我們也不必讓他們時常在原地打轉，浪費時間，可以適度地鼓勵他們繼續往上學習。這也是為什麼我們會把小學階段的數學全部整理、撰寫成單一的讀本，讓有興趣的小朋友可以有系統地繼續讀下去，加速他們的學習。

所以本書的編寫除了盡可能地把內容講解得完整與詳細，我們也編寫了適度的練習題供小朋友練習。對於數學，理解的能力固然很重要，但是計算能力的訓練與培養也不容忽視。在數學的領域裡，估算的能力是有其絕對的需要。因此，我們希望小朋友在閱讀本書時，也一定要多做一些題目作為練習，加深其對內容的瞭解。同時，我們也希望在小朋友開始閱讀本書的時候，家長或師長們能從旁予以協助，如此效果會更好，也較能為日後自我學習奠定良好的數學根基。因此，本書也可以當作輔助的參考教材。

本書從數開始講起，涵蓋了加、減、乘、除以及混合四則運算。接著定義了因數與倍數，並引進了同餘數的概念，也證明了與最大公因數、最小公倍數相關的一些定理。當然

# 自序

分數、小數（包括循環小數）的介紹與負數的引進也包含在其中。另外，我們也引進了平面上幾何圖形的概念，並講解了如何去計算一些基本幾何圖形的周長與面積，比如說，正方形、長方形、平行四邊形、三角形、梯形與圓形。畢氏定理也在這個時候編寫進來。另外為了處理圓上的問題，圓周率 $\pi$ 的引進更是勢在必行，同時也利用畢氏定理推導了一個簡易的圓周率算法。至於在三維空間裡，我們則介紹了柱體、角錐、圓錐與圓錐平台等幾何物體，也說明了如何去計算它們的體積與表面積。至於容積的觀念在此也一併作了介紹。接著利用前面所學的數學知識與技巧，我們講解了一些實際在生活上所遇到的問題，諸如：流水問題、植樹問題、雞兔同籠問題、排列組合問題。本書最後則以韓信點兵，亦即，中國剩餘定理，作為結束。

至於本書編寫的方式是以章為主體，每一章之下再細分數節。所以本書的編寫序號原則上是以三個阿拉伯數字來代表，第一個阿拉伯數字代表章數，第二個阿拉伯數字則代表在該章中的節數，第三個阿拉伯數字則表示在該節中所出現的序號。比如說，例題 5.3.2 表示它是第 5 章、第 3 節中排序為 2 的例題，定理 2.4.1 則表示它是第 2 章、第 4 節中排序為 1 的定理。至於 (2.3.2) 則是方程式專屬的序號，表示位於第 2 章、第 3 節裡排序為 2 的方程式。

在此，我要感謝華藝學術出版部長久以來的鼎力支持，讓本書得以出版問世。同時我也要對國立臺灣師範大學數學

系李華介教授與國立高雄大學應用數學系吳宗芳特聘教授在百忙之中願意抽空為本書撰寫推薦序，表達由衷的謝意。最後，我要感謝家人在本書編寫的這段期間所給予之支持與鼓勵。

程守慶

2021 年 7 月于新竹

# 第 1 章
# 基本運算

## §1.1 數的認識

人類對於數學的認識,應該是由所謂的**自然數**和簡單的**平面幾何**開始。在這裡,我們先從自然數講起,也就是在數學上我們說的**正整數**,它們是

1、2、3、4、5、6、7、8、9、10、11、12、⋯。

在這裡注意到 0 是一個整數,但不是一個正整數。正整數是以 1 作為單位,逐次增加 1 而得到。當我們數完 1 到 9 之後,接下來,我們當然可以創造一個符號來代表下一個數,然後再創造下一個符號來代表下下一個數。只是這樣一直下去,不僅會因為符號太多而造成混淆,我們也無法很清楚地記住這些符號與順序,更談不上很順暢地使用它們。

因此,我們採用一個比較實際且有系統的辦法,就是**十**

**進位**的方式,把 9 之後的數記為 10。也就是說,我們把 9 之後的數開始用二個(含)以上的數字來表示。因此,10 是第一個以二個 0 到 9 之整數來表示的正整數。接著,我們再把 10 右邊的 0 陸續換成 1 到 9 之整數來表示後續的正整數 11、12、13、…、19。到了 19 之後,我們再把它的下一個數記為 20。接著是 21、22、23、…,依此類推。等到二位數數到 99 時,我們便把 99 的下一個正整數記為 100。再來就是 101、102、103、… 等等。按照此邏輯,我們便可以把正整數一直數下去,且很清楚地把它們寫下來。

所以,一個正整數可以用幾個 0 到 9 之整數排在一起來表示它。從右邊算起來的第一個數字,我們稱之為**個位數**,它代表的是幾個一。而位於右邊算起來的第二個數字,稱之為**十位數**。十位數上的每一個數字,實際上,代表的是幾個十。而十位數左邊的數則稱為**百位數**。百位數上的每一個數字所代表的是幾個百。例如,326 表示 3 個百、2 個十和 6 個一。其餘依此類推。因此接下來我們有**千位數**、**萬位數**、**十萬位數**、… 等等。我們把前九位數及其名稱以下表說明之。

| 9 | 8 | 7 | 6 | 5 | 4 | 3 | 2 | 1 |
|---|---|---|---|---|---|---|---|---|
| ↑ | ↑ | ↑ | ↑ | ↑ | ↑ | ↑ | ↑ | ↑ |
| 億位數 | 千萬位數 | 百萬位數 | 十萬位數 | 萬位數 | 千位數 | 百位數 | 十位數 | 個位數 |

有時候當正整數出現在學習數學的過程時,我們也會用

其他的符號來表示之。大寫的英文字母 $A$、$B$、$C$、$\cdots$ 等等，則是常用的符號。比如說，當我們想要講 1 至 9 之間任何一個個位數時，我們可以說 $X$ 為一個 1 至 9 之間的個位數，用 $X$ 來代表這個數。這樣的作法通常可以更清楚、更簡潔地敘述問題，運算時也會較方便，更具一般性。英文小寫字母 $a$、$b$、$c$、$\cdots$ 等等，偶而也會用一些。例如，在表示某一專有數學名詞的英文縮寫時，因為這些英文縮寫已經成為國際上通用的數學語言，有些甚至成為生活中語言的一部分。熟習這些數學術語，對我們學習數學也是會有相當的助益。

## §1.2　加法

加法是數學裡面最簡單、最基本的一種運算。當我們從 1 數到一個數目的時候，其實就是在做加法，只是每次往下數一個數字時，我們只有加 1。因此，對於任意一個正整數，我們都可以將之視為把 1 連加了這個數字那麼多次之後，所得到的數。比如說，8 就是把 1 連加 8 次所得到的數，112 就是把 1 連加了 112 次所得到的數。現在，如果有二個正整數，當我們從 1 數到第一個正整數後，再繼續往下數第二個數字那麼多次，最後所得到的那個數，我們就說是這二個數字的總和，亦即這二個數字相加的和。底下我們來說明加法實際上如何運算。

若二個個位數相加,而和並未大於 10,我們可以直接用橫式或直式把此運算用下列符號表示之。例如,3 加 4 等於 7,以橫式記之為 $3+4=7$;用直式則表示如下:

$$\begin{array}{r} 3 \\ +\phantom{0}4 \\ \hline 7 \end{array}$$

若二個個位數相加得到一個大於或等於 10 的和,這個時候我們就要利用進位的方式把答案寫成一個二位數。例如,6 加 9 等於 15,以橫式記之為 $6+9=15$;用直式則表示如下:

$$\begin{array}{r} 6 \\ +\phantom{0}9 \\ \hline 1\,5 \end{array}$$

至於二個比較大的數目相加,第一步我們把這二個數字的各個位數對齊,然後依此方法類推,由個位數開始往左相加。我們以下面的例子來說明。

### 例題 1.2.1

$176 + 49 = ?$

第一步,我們把題目寫成直式如下。注意這二個數字的各個位數要對齊。

$$\begin{array}{r} 1\,7\,6 \\ +\phantom{0}4\,9 \\ \hline \end{array}$$

現在,先做個位數的加法 $6+9=15$。因為有進位,我

## §1.2 加法

們先在橫線以下的個位數位子寫上 5，然後把 10 進到十位數，也就是在十位數上自己默記著 1，或者以一個小符號來記此進位，比如說，在十位數的最上方寫個框起來的 1 如下：

$$\begin{array}{r} \boxed{1}\phantom{00} \\ 1\,7\,6 \\ +\ \ 4\,9 \\ \hline 5 \end{array}$$

緊接著，做十位數的加法，此時千萬別忘了由個位數相加所進位的 1。因此，我們必須要做 $1+7+4=12$。這時候的 2 是十位數的 2。所以在橫線以下的十位數位子寫上 2，然後在百位數上默記著 1，而得

$$\begin{array}{r} \boxed{1}\phantom{00} \\ 1\,7\,6 \\ +\ \ 4\,9 \\ \hline 2\,5 \end{array}$$

最後，再做百位數的加法。還是要記得把進位過來的 1 加上去，得 $1+1=2$。因此，最後的答案就是

$$\begin{array}{r} 1\,7\,6 \\ +\ \ 4\,9 \\ \hline 2\,2\,5 \end{array}$$

以橫式記之，就是 $176+49=225$。

在熟悉進位的原則之後，我們就可以做大數目或多個數目的相加。適度的練習，便可以讓自己對加法運算自如。我們再看一個例子。

例題 1.2.2

$315 + 22 + 169 + 2178 = ?$

同樣地，先把題目寫成直式如下。注意這些數字的各個位數要對齊。

$$\begin{array}{r} 315 \\ 22 \\ 169 \\ +\ 2178 \end{array}$$

第一步，做個位數的相加得 $5+2+9+8=24$。在答案的個位數寫 4，把 2 進到十位數如下：

$$\begin{array}{r} \boxed{2}\phantom{000} \\ 315 \\ 22 \\ 169 \\ +\ 2178 \\ \hline 4 \end{array}$$

接著，做十位數的相加，別忘了進位過來的 2，得 $2+1+2+6+7=18$。所以在答案的十位數寫

§1.2 加法

8，把 1 進到百位數如下：

$$
\begin{array}{r}
\boxed{1}\phantom{000} \\
3\ 1\ 5 \\
2\ 2 \\
1\ 6\ 9 \\
+\ 2\ 1\ 7\ 8 \\
\hline
8\ 4
\end{array}
$$

然後，做百位數的相加，記得把 1 加進去，得 $1+3+1+1=6$。因為沒有進位，直接在答案的百位數寫 6，得

$$
\begin{array}{r}
3\ 1\ 5 \\
2\ 2 \\
1\ 6\ 9 \\
+\ 2\ 1\ 7\ 8 \\
\hline
6\ 8\ 4
\end{array}
$$

現在，只剩下千位數的相加。由於千位數只有一個 2，且沒有任何進位，所以就直接在答案的千位數寫 2，得到

$$
\begin{array}{r}
3\ 1\ 5 \\
2\ 2 \\
1\ 6\ 9 \\
+\ 2\ 1\ 7\ 8 \\
\hline
2\ 6\ 8\ 4
\end{array}
$$

這就是答案了。所以，$315+22+169+2178=2684$。

學完了加法之後，在這裡我們要引進所謂的「大小」觀念。二個正整數 $M$ 和 $N$，若 $M$ 等於 $N$ 加上另外一個正整數 $X$，即 $M = N + X$，我們就說 $M$ 大於 $N$，以符號表示則記為 $M > N$，其中符號「>」表示大於的意思。這個時候我們也可以說 $N$ 小於 $M$，以符號表示則記為 $N < M$，其中符號「<」表示小於的意思。因此，當任意給二個正整數 $M$ 和 $N$ 時，我們從 1 開始數，便會先數到其中的一個數。若這兩個正整數不相等，再繼續數便會數到另外的那一個數。所以，最後數到的那一個正整數，依據加法的定義，就是等於先數到的數加上某一個正整數。這也表示了，當任意給二個正整數時，如果這兩個數不相等，則先數到的數就會小於後數到的那一個數。亦即，任意給二個正整數 $M$ 和 $N$，它們之間必存在著下面三種關係之一：即 $M$ 等於 $N$，或 $M$ 大於 $N$，或 $M$ 小於 $N$，以符號表示則為 $M = N$，或 $M > N$，或 $M < N$。

**例題 1.2.3**

試比較 21 和 34 的大小？

因為 $34 = 21 + 13$，所以根據我們的定義得知 34 大於 21，寫成 $34 > 21$。我們也可以說 21 小於 34，記為 $21 < 34$。

最後，我們注意到二個正整數 $M$ 和 $N$ 在相加時，是和它們的順序無關。$M$ 加上 $N$ 和 $N$ 加上 $M$ 是永遠相等的，

§1.2 　加法9

亦即 $M + N = N + M$。比如說，$15 + 23 = 38 = 23 + 15$。另外，三個正整數 $M$、$N$ 和 $L$ 在相加時，隨便先加哪兩個數之後再加上第三個數也都會相等的。一般而言，我們會把先加的那兩個數用括號括起來，表示先做這兩個數的加法運算。舉例來說，做加法 $7 + 9 + 12$ 時，先加 $7 + 9 = 16$，再加上 12 得 $16 + 12 = 28$；但是我們也可以先加 $9 + 12 = 21$，然後再算 $7 + 21 = 28$。亦即 $(7 + 9) + 12 = 16 + 12 = 28 = 7 + 21 = 7 + (9 + 12)$。

## 練習 1.2

計算下列加式。

1. $3 + 6 =$
2. $4 + 5 =$
3. $5 + 8 =$
4. $6 + 7 =$
5. $8 + 9 =$
6. $5 + 9 =$
7. $4 + 12 =$
8. $14 + 5 =$
9. $15 + 8 =$
10. $16 + 7 =$
11. $13 + 9 =$
12. $6 + 18 =$
13. $14 + 25 =$
14. $34 + 18 =$
15. $41 + 38 =$
16. $46 + 39 =$
17. $35 + 62 =$
18. $85 + 59 =$
19. $27 + 310 =$
20. $437 + 84 =$
21. $46 + 217 =$
22. $511 + 284 =$
23. $476 + 153 =$
24. $673 + 215 =$
25. $241 + 36 + 248 =$
26. $119 + 353 + 95 =$
27. $67 + 591 + 48 =$
28. $523 + 407 + 214 =$

29. $450 + 174 + 873 =$
30. $316 + 358 + 408 =$
31. $3152 + 5278 =$
32. $6428 + 8492 =$
33. $4003 + 8160 =$
34. $6328 + 1402 =$
35. $2126 + 1109 + 435 =$
36. $5281 + 343 + 2189 =$
37. $4351 + 2309 + 1008 =$
38. $1090 + 6093 + 3704 =$
39. $1908 + 6623 + 4092 =$
40. $3570 + 7702 + 1060 =$
41. $321567 + 42138 =$
42. $5743921 + 3112076 =$
43. $4007342 + 3511078 =$
44. $2310907 + 4687110 =$
45. $35611780 + 42700121 =$
46. $23511060 + 34125010 =$
47. 比較 52 和 72 的大小？
48. 比較 12 和 8 的大小？
49. 比較 426 和 399 的大小？
50. 比較 888 和 1234 的大小？

## §1.3 減法

介紹完加法之後，接著我們講另外一種運算——**減法**。減法是加法的反運算。加法是把一個正整數併到另一個正整數，使原來的正整數變大。而減法正好相反，它是從一個比較大的正整數中拿掉一些整數，使原來的正整數變小的一個運算。比如說，我們從 9 裡面拿掉 3，就只剩下 6。這個時候我們就說 9 減 3 等於 6，可以用橫式寫成 $9 - 3 = 6$，亦可用直式表示如下：

$$\begin{array}{r} 9 \\ - \ 3 \\ \hline 6 \end{array}$$

## §1.3 減法

此時,我們把較大的正整數 9 稱為**被減數**,把拿掉的整數 3 稱為**減數**,剩下來的數 6 則稱為**差**。所以兩個個位數相減,其實是很容易做的。接下來,我們做二位數減個位數的減法。我們分兩種情形來討論。

第一種情形,當被減數二位數中的個位數已經大於或等於減數。這個時候的減法就和兩個個位數相減是一樣的。我們以下面的例子說明之。

**例題 1.3.1**

計算 $16 - 4 = ?$

首先,把題目寫成直式,注意被減數的個位數和減數的個位數要對齊。

$$\begin{array}{r} 1\ 6 \\ -\phantom{1}\ 4 \\ \hline \end{array}$$

由於現在被減數 16 的個位數 6 已經大於減數 4,所以個位數相減得 $6 - 4 = 2$。被減數 16 的十位數 1 並沒有用到,將其保留。因此,答案就是 12,以橫式書寫即 $16 - 4 = 12$,以直式書寫得

$$\begin{array}{r} 1\ 6 \\ -\phantom{1}\ 4 \\ \hline 1\ 2 \end{array}$$

另一種情況,當被減數二位數中的個位數小於減數。這

個時候被減數的個位數就不夠減,因此我們必須向十位數借一些數來減。由於十位數的數字 1 代表 10,所以只要從十位數借 1 就足夠減去減數。但是在寫差的個位數時,記得要把被減數的個位數加回來。又因為被減數的十位數已經被借走 1,所以在寫差的十位數時,不要忘記把被減數的十位數減去 1。我們接著看下面的實例。

**例題 1.3.2**

計算 $34 - 8 = ?$

和以往一樣,把題目寫成直式

$$\begin{array}{r} 3\ 4 \\ -\phantom{0}8 \\ \hline \end{array}$$

這個時候被減數 34 的個位數 4 不夠減 8,我們向十位數借 1 來減 8 得 $10 - 8 = 2$。但是我們在寫差的個位數時,要把被減數的個位數 4 加回來。所以差的個位數應該是 $2 + 4 = 6$。不過被減數的十位數必須要減去 1,我們可以把它默記在心,或者以一個小符號來記此退位。比如說,在十位數的最上方寫個框起來的 $-1$ 如下:

$$\begin{array}{r} \boxed{-1}\phantom{0} \\ 3\ 4 \\ -\phantom{0}8 \\ \hline 6 \end{array}$$

§1.3 減法

現在，差的十位數剩下 $3-1=2$。因此，最後的答案為

$$\begin{array}{r} 3\,4 \\ -\phantom{0}8 \\ \hline 2\,6 \end{array}$$

以橫式記之則為 $34-8=26$。

這兩個例題，基本上，已經說明了一般的減法該如何做。我們只要抓住以上的要領，自個位數開始往左做就行了。下面的例子應該可以說明得更清楚。

**例題 1.3.3**

計算 $2124-635=?$

還是先把題目寫成直式，注意被減數的各個位數和減數的各個位數要對齊。

$$\begin{array}{r} 2\,1\,2\,4 \\ -\phantom{0}6\,3\,5 \\ \hline \end{array}$$

我們從個位數開始減。4 不夠被 5 減，所以向十位數借 1 來減 5 得 $10-5=5$。這時候再把被減數的個位數 4 加回來得 $5+4=9$。因此，差的個位數為 9，

把 9 寫在橫線下方的個位數

$$\begin{array}{r} \boxed{-1}\phantom{00} \\ 2\ 1\ 2\ 4 \\ -\ \ \ 6\ 3\ 5 \\ \hline 9 \end{array}$$

現在接著做十位數的相減。很明顯地，2 不夠被 3 減，所以向百位數借 1 來減 3 得 $10-3=7$。再把被減數的十位數 2 加回來得 $7+2=9$。但是，此時千萬別忘了十位數已經被借走了 1，所以差的十位數實際上為 $9-1=8$。把 8 寫在橫線下方的十位數，並且默記在心百位數已經被借走了 1，或者在其上方寫上一個被借走 1 的小符號如下：

$$\begin{array}{r} \boxed{-1}\phantom{00} \\ 2\ 1\ 2\ 4 \\ -\ \ \ 6\ 3\ 5 \\ \hline 8\ 9 \end{array}$$

現在做百位數的相減。1 不夠被 6 減，所以向千位數借 1 來減 6 得 $10-6=4$。再把被減數的百位數 1 加回來得 $4+1=5$。最後再扣掉百位數已經被借走的 1，所以差的百位數為 $5-1=4$。將之寫在橫線下

## §1.3 減法

方的百位數,得到

$$\begin{array}{r} \boxed{-1} \\ 2\ 1\ 2\ 4 \\ -\phantom{0}6\ 3\ 5 \\ \hline 4\ 8\ 9 \end{array}$$

至於答案的千位數,由於已經被借走了 1,所以得 $2 - 1 = 1$。因此,最後的答案就是

$$\begin{array}{r} 2\ 1\ 2\ 4 \\ -\phantom{0}6\ 3\ 5 \\ \hline 1\ 4\ 8\ 9 \end{array}$$

以橫式表示則為 $2124 - 635 = 1489$。

掌握了減法的要領之後,再多加練習,包括一些稍有難度的問題,就能運算自如了。

## 練習 1.3

計算下列減式。

1. $7 - 2 =$
2. $9 - 5 =$
3. $8 - 3 =$
4. $7 - 4 =$
5. $9 - 3 =$
6. $5 - 4 =$
7. $13 - 8 =$
8. $17 - 8 =$
9. $15 - 9 =$
10. $14 - 5 =$
11. $16 - 9 =$
12. $13 - 7 =$

13. $18 - 12 =$
14. $17 - 13 =$
15. $18 - 14 =$
16. $25 - 16 =$
17. $31 - 18 =$
18. $42 - 29 =$
19. $36 - 9 =$
20. $63 - 48 =$
21. $55 - 27 =$
22. $84 - 67 =$
23. $80 - 42 =$
24. $93 - 57 =$
25. $214 - 157 =$
26. $350 - 189 =$
27. $507 - 318 =$
28. $711 - 472 =$
29. $570 - 436 =$
30. $419 - 328 =$
31. $4328 - 1178 =$
32. $1785 - 573 =$
33. $5303 - 2480 =$
34. $4904 - 3210 =$
35. $33267 - 28793 =$
36. $54620 - 34612 =$
37. $95022 - 57825 =$
38. $36799 - 18659 =$
39. $613258 - 579408 =$
40. $953472 - 570053 =$
41. $468904 - 258954 =$
42. $774035 - 489305 =$
43. $5590243 - 3887603 =$
44. $8100025 - 7609898 =$
45. $3256700 - 1795569 =$
46. $6134060 - 4879135 =$

## §1.4 乘法

在學會了加法與減法之後，我們現在要介紹另外一種運算——**乘法**。乘法基本上就是加法的延伸。我們在做加法時，可以把一個正整數連加數次。當這個整數很小，且連加的次數不多時，這樣的加法是很容易做的。不過，當這個整數很大或者連加的次數很多時，此時的相加就不太容易計

算。但是，我們現在要介紹的乘法概念卻可以幫助我們解決這樣的問題。

首先，我們做個位數的連加，且連加的次數不超過 9 次。例如，把 3 連加 4 次得 $3+3+3+3=12$。這個時候我們便把 3 連加 4 次記為 $3 \times 4$，讀作 3 乘以 4。因此，$3 \times 4 = 12$。其中，我們稱 3 為**被乘數**，4 為**乘數**，把 12 稱為**積**。若只看個位數本身，例如 3，我們可以把它視為是個位數本身只加 1 次，以 $3 = 3 \times 1$ 來記之。又例如，把 7 連加 6 次得 $7+7+7+7+7+7=42$，記為 $7 \times 6 = 42$，讀作 7 乘以 6 等於 42。依此類推，我們可以把 1 到 9 之間的每一個個位數都連加 1 次到 9 次，也就是說，把 1 到 9 之間的每一個個位數做 9 種不同的加法運算，亦即，自己加自己 1 次、2 次到 9 次。因此，我們總共會得到 $9 \times 9 = 81$ 個運算。這 81 個運算是乘法裡面最基本的運算，我們把這些運算與其結果排在一起，便形成一個表，稱之為**九九乘法表**，如本章最後之附錄所示。因為我們可以把乘法視為被乘數連加乘數那麼多次，所以九九乘法表是我們在做乘法時所必備的工具，讀者一定要熟記之。另外，在運算的過程或直接由九九乘法表，我們也會發現當被乘數與乘數對調再相乘，所得的積與原來的積是一樣的。例如，$5 \times 7 = 35 = 7 \times 5$ 或 $4 \times 9 = 36 = 9 \times 4$。基本上，這說明了正整數的乘法是可交換的，亦即相乘時被乘數與乘數的順序是不重要的。在底下的例子，我們先示範乘法直式的寫法。

> **例題 1.4.1**
>
> $8 \times 7 = 56$，以直式寫之如下：
>
> $$\begin{array}{r} 8 \\ \times\ 7 \\ \hline 5\ 6 \end{array}$$
>
> 在第一行裡我們寫被乘數，第二行上先寫上一個乘號 $\times$，再寫乘數，其中被乘數的個位數和乘數的個位數要對齊。然後在乘號 $\times$ 與乘數下面畫一橫線。最後，才在橫線下方寫上積。注意此時積的個位數也要與被乘數和乘數的個位數對齊。如此便完成了乘法直式的書寫。

接著，我們再來講解二位數乘以個位數的做法。二位數乘以個位數，基本上，可以由個位數乘以個位數的運算來完成。唯一要牢記在心的，就是十位數的數字實際上所代表的是幾個十。我們以下面的例子來說明。

> **例題 1.4.2**
>
> 計算 $36 \times 7 = ?$
>
> 　　首先，把題目寫成直式如下：
>
> $$\begin{array}{r} 3\ 6 \\ \times\ \ \ 7 \\ \hline \end{array}$$

## §1.4 乘法

注意被乘數的個位數和乘數的個位數要對齊。現在，我們開始做個位數的乘法。在熟記九九乘法表之後，可以馬上知道 $6 \times 7 = 42$。所以，在橫線下方的個位數位子寫上 2，然後把 40 中的 4 進位到十位數。和過去一樣，我們在十位數上自己默記著 4，或者以一個小符號來記此進位，比如說，在十位數的最上方寫個框起來的 4 如下：

$$\begin{array}{r} \boxed{4}\phantom{00} \\ 3\,6 \\ \times \phantom{0}7 \\ \hline 2 \end{array}$$

接下來，我們做十位數的乘法。以 7 去乘 3 得 21。這個時候一定要記得，此時的 1 是代表十位數的 1，而 2 是代表百位數的 2。又因為從個位數的乘法我們有進 4 到十位數，因此，十位數的總和應該是 $1 + 4 = 5$。所以，最後的答案就是

$$\begin{array}{r} 3\,6 \\ \times \phantom{0}7 \\ \hline 2\,5\,2 \\ \uparrow\phantom{00} \\ \boxed{1+4=5}\phantom{0} \end{array}$$

以橫式來寫就是 $36 \times 7 = 252$。

接著再看一個三位數乘以二位數的例子。

**例題 1.4.3**

計算 $428 \times 36 = ?$

我們還是先把題目寫成直式如下：

$$\begin{array}{r} 4\ 2\ 8 \\ \times\quad 3\ 6 \\ \hline \end{array}$$

同樣地，被乘數的各個位數和乘數的各個位數要對齊。我們依舊從個位數的乘法開始做起，得 $8 \times 6 = 48$。因此，在橫線下方的個位數位子寫上 8，把 40 的 4 進位到十位數，以一個框起來的 4 寫在十位數的最上方表示之。

$$\begin{array}{r} \boxed{4}\phantom{\ 2\ 8} \\ 4\ 2\ 8 \\ \times\quad 3\ 6 \\ \hline 8 \end{array}$$

再以 6 去乘十位數的 2 得 $2 \times 6 = 12$。由於十位數已有進位 4，所以，$12+4 = 16$。因此，在橫線下方的十位數位子寫上 6，把 100 的 1 進位到百位數，以

§1.4  乘法

一個框起來的 1 寫在百位數的最上方表示之。

$$\begin{array}{r} \boxed{1}\phantom{00} \\ 4\,2\,8 \\ \times\ \ 3\,6 \\ \hline 6\,8 \end{array}$$
$$\uparrow$$
$$\boxed{2+4=6}$$

最後以 6 去乘百位數的 4 得 $4 \times 6 = 24$。加上已進位到百位數的 1,所以,得 $24 + 1 = 25$。因此,在橫線下方的百位數位子寫上 5,把 2000 的 2 進位到千位數得

$$\begin{array}{r} 4\,2\,8 \\ \times\ \ 3\,6 \\ \hline 2\,5\,6\,8 \end{array}$$
$$\uparrow$$
$$\boxed{4+1=5}$$

這樣就完成了乘數中個位數 6 對被乘數 428 的乘法。下一個步驟,我們做乘數中十位數 3 對被乘數 428 的乘法。這個過程和前面所述完全一致,只是由於 3 是十位數的 3,所以乘出來的數必須和十位數對齊,自十位數開始向左寫起。我們把它寫在橫線下方

的第二行如下：

```
        4 2 8
    ×     3 6
    ─────────
      2 5 6 8
    1 2 8 4
```

最後的一個步驟，只要把橫線下方所得的二個數字相加就行了。我們再畫一橫線，然後在其下方寫下相加後的結果

```
        4 2 8
    ×     3 6
    ─────────
      2 5 6 8
    1 2 8 4
    ─────────
    1 5 4 0 8
```

所以，答案以橫式書寫得 $428 \times 36 = 15408$。

上面的例題，基本上，已經把乘法的要領都說清楚了。如果乘數的位數增加，此時只是增加運算的次數，亦即橫線下方會有比較多行的數字而已。唯一需留意的是，以乘數的個位數、十位數或百位數去乘被乘數所得的數要對齊題目的個位數、十位數或百位數，其餘類推就行了。乘法要學好，適度的練習是絕對必須的，九九乘法表也一定要熟記之。底下我們再看一個三位數乘以三位數的例子。

§1.4 乘法　　　　　　　　　　　　　　　　　　　　23

> **例題 1.4.4**
>
> 計算 $317 \times 429 = ?$
>
> 　　我們先把題目寫成直式如下：
>
> $$\begin{array}{r} 3\ 1\ 7 \\ \times\ \ 4\ 2\ 9 \\ \hline \end{array}$$
>
> 　　在把被乘數的各個位數和乘數的各個位數對齊後，開始做個位數的乘法得 $7 \times 9 = 63$。所以，在積的個位數寫 3 並把 6 進到十位數得
>
> $$\begin{array}{r} \boxed{6}\phantom{\ \ } \\ 3\ 1\ 7 \\ \times\ \ 4\ 2\ 9 \\ \hline 3 \end{array}$$
>
> 　　再來做 $1 \times 9 = 9$。因為有進位，所以得 $9 + 6 = 15$。因此，在積的十位數寫 5 並把 1 進到百位數得
>
> $$\begin{array}{r} \boxed{1}\phantom{\ \ \ } \\ 3\ 1\ 7 \\ \times\ \ 4\ 2\ 9 \\ \hline 5\ 3 \end{array}$$
>
> 　　最後，我們做 $3 \times 9 = 27$。同樣因為有進位，所以得 $27 + 1 = 28$。因此，在積的百位數寫 8 並把 2 進到千位數得
>
> $$\begin{array}{r} 3\ 1\ 7 \\ \times\ \ 4\ 2\ 9 \\ \hline 2\ 8\ 5\ 3 \end{array}$$

如此，便做完了乘數的個位數對被乘數的乘法。接下來，乘數的十位數、百位數對被乘數的乘法，都可以用類似的方法算出，所以我們不再細述，直接寫出乘數的十位數 2 對被乘數 317 的乘法如下：

$$\begin{array}{r} 3\ 1\ 7 \\ \times\ \ 4\ 2\ 9 \\ \hline 2\ 8\ 5\ 3 \\ 6\ 3\ 4\ \phantom{0} \end{array}$$

　　最後的一步，就是做乘數的百位數 4 對被乘數 317 的乘法，直接寫出如下：

$$\begin{array}{r} 3\ 1\ 7 \\ \times\ \ 4\ 2\ 9 \\ \hline 2\ 8\ 5\ 3 \\ 6\ 3\ 4\ \phantom{0} \\ 1\ 2\ 6\ 8\ \phantom{00} \end{array}$$

把這三個乘積加起來就得到答案了。

$$\begin{array}{r} 3\ 1\ 7 \\ \times\ \ 4\ 2\ 9 \\ \hline 2\ 8\ 5\ 3 \\ 6\ 3\ 4\ \phantom{0} \\ 1\ 2\ 6\ 8\ \phantom{00} \\ \hline 1\ 3\ 5\ 9\ 9\ 3 \end{array}$$

以橫式表示即 $317 \times 429 = 135993$。

## 練習 1.4

計算下列乘式。

1. $3 \times 7 =$
2. $4 \times 9 =$
3. $5 \times 3 =$
4. $7 \times 8 =$
5. $6 \times 6 =$
6. $4 \times 3 =$
7. $9 \times 2 =$
8. $6 \times 4 =$
9. $5 \times 9 =$
10. $2 \times 7 =$
11. $5 \times 8 =$
12. $7 \times 4 =$
13. $12 \times 9 =$
14. $36 \times 7 =$
15. $83 \times 5 =$
16. $42 \times 7 =$
17. $39 \times 6 =$
18. $40 \times 6 =$
19. $73 \times 3 =$
20. $57 \times 4 =$
21. $36 \times 5 =$
22. $19 \times 8 =$
23. $47 \times 3 =$
24. $31 \times 8 =$
25. $35 \times 16 =$
26. $75 \times 38 =$
27. $29 \times 34 =$
28. $50 \times 42 =$
29. $71 \times 28 =$
30. $23 \times 53 =$
31. $45 \times 37 =$
32. $19 \times 60 =$
33. $77 \times 25 =$
34. $39 \times 28 =$
35. $82 \times 35 =$
36. $94 \times 27 =$
37. $124 \times 32 =$
38. $54 \times 702 =$
39. $346 \times 18 =$
40. $361 \times 74 =$
41. $832 \times 49 =$
42. $191 \times 43 =$
43. $87 \times 339 =$
44. $407 \times 52 =$
45. $78 \times 514 =$
46. $367 \times 68 =$
47. $47 \times 482 =$
48. $39 \times 609 =$

49. $314 \times 506 =$
50. $450 \times 189 =$
51. $270 \times 119 =$
52. $720 \times 831 =$
53. $421 \times 608 =$
54. $772 \times 424 =$
55. $513 \times 237 =$
56. $801 \times 470 =$
57. $342 \times 165 =$
58. $419 \times 790 =$
59. $671 \times 338 =$
60. $572 \times 209 =$
61. $3122 \times 4092 =$
62. $4613 \times 328 =$
63. $853 \times 6032 =$
64. $376 \times 4280 =$
65. $2241 \times 508 =$
66. $1319 \times 3093 =$
67. $34511 \times 364 =$
68. $59602 \times 354 =$
69. $3529 \times 6408 =$
70. $25673 \times 3428 =$
71. $34011 \times 123 =$
72. $12345 \times 789 =$

## §1.5 除法

在數學的基本運算裡，除了加法、減法和乘法之外，最後一種就是**除法**。除法大致上可以說是乘法的反運算。我們做乘法，其實就是把幾個相同的正整數加在一起而得到一個比較大的正整數。至於除法的運算呢？它則是試著把一個比較大的正整數分成固定幾個比較小，且相等的正整數。但是，這樣的分法，很明顯地，並不是每次都可以做到。比如說，10 就可以分成二個一樣大的數 5，這個時候我們說 10 除以 2 等於 5，把 10 稱為**被除數**，把 2 稱為**除數**，5 則稱之為**商數**，以橫式 $10 \div 2 = 5$ 記之，橫式中的符號 $\div$ 即代表除法。我們也可以說 2 整除 10 得商數 5。若一個比較大的

## §1.5 除法

正整數不能正好分成固定幾個比較小,且相等的正整數,此時就會留下一個小的正整數。我們要求這個留下的小正整數一定要比除數小,也就是說,要比這些分出來比較小,且相等之正整數的個數來的小。否則,就繼續再分下去,亦即,這些分出來的正整數要盡量的大。現在,我們就把留下來且具有這樣性質的小正整數稱作**餘數**。此時這個大的正整數仍然稱為被除數,而這些比較小,且相等的正整數即為商數,它們的個數就是除數。比如說,現在我們想把 10 分成三個比較小,且相等的正整數,我們可以得到三個 2 並留下 4;但是也可以得到三個 3 並留下 1。由於 4 大於 3,不符合我們的要求,因此,在做 10 除以 3 這個除法時,被除數為 10,除數為 3,得商數 3,而餘數則為 1。因此,餘數永遠會小於除數的。在整除的情形,由於大的正整數正好都被分完沒有留下任何數,此時我們可以把它的餘數視為零。所以被除數、除數、商數和餘數的關係可以下式表示之:

$$被除數 = 除數 \times 商數 + 餘數,$$

而餘數永遠是大於或等於零,但是要小於除數。

由於乘法是可以交換的,所以對於除法我們也可以這樣解釋。也就是說,除法就是在看自被除數中能夠分出幾個除數,並且要求在不能完整分出幾個除數時,留下的數必須比除數小。在此過程中所分得除數的個數即為商數,而留下來的數就是餘數。

底下我們示範除法如何用直式來運算。

**例題 1.5.1**

計算 $8 \div 4 = ?$

　　我們以直式做除法時，先畫一橫線和一撇，把除數寫在一撇的左邊，把被除數寫在一撇的右邊、橫線的下方如下：

$$\boxed{除數} \rightarrow 4\overline{)8}$$
$$\uparrow$$
$$\boxed{被除數}$$

然後開始以除數去除被除數的最大位數。如果被除數的最大位數夠除的話，便把所得的商數寫在橫線上方和此位數對齊。以此題為例，8 可以被 4 整除，得商數 2。所以把 2 寫在橫線上方和 8 對齊。已經除完的數則寫在此位數的下方，並把它自被除數的該位數中減掉。像 8 已經被除盡了，就在被除數 8 的下方寫上 8，並把 8 自被除數中的 8 減掉。若被除數已經完全被整除了，最後則在下方畫二條小橫線，表示題目已經做完了。下面的圖示應該很清楚地說明了這些要點。

$$\begin{array}{r} 2 \\ 4\overline{)8} \\ \underline{8} \end{array} \leftarrow \boxed{商數}$$

所以這題除法以橫式表示則為 $8 \div 4 = 2$。

## §1.5 除法

> **例題 1.5.2**
>
> 計算 $28 \div 3 = ?$
>
> 　　如上題將題目寫成直式
>
> $$3 \overline{)2\,8}$$
>
> 　　現在，我們以 3 去除被除數的十位數 2，很明顯地，2 不夠被 3 除。所以在被除數中我們必須自 2 向右退一位，以 3 去除 28。這個時候我們知道 28 之中，最多有 9 個 3，也就是說，得商數 9。注意此時 9 必須和 28 中的 8 對齊。而 28 之中也被分掉了 $3 \times 9 = 27$，因此剩下 $28 - 27 = 1$，即餘數為 1。這些運算可以寫成直式如下：
>
> $$\begin{array}{r} 9 \\ 3 \overline{)2\,8} \\ 2\,7 \\ \hline 1 \end{array}$$
>
> 　　$9 \leftarrow \boxed{商數}$
>
> 　　$1 \leftarrow \boxed{餘數}$
>
> 　　由於此題目不能被除盡，留下餘數 1。因此我們在底下那一橫的下方寫上 1 就行了。若以橫式表示，則寫之如下：$28 \div 3 = 9 \cdots$ 餘數 1。

> **例題 1.5.3**
>
> 計算 $87 \div 5 = ?$
>
> 　　首先，將題目寫成直式
>
> $$5 \overline{)8\,7}$$

接著以 5 去除被除數的十位數 8，得商數 1，餘數 3。所以把 1 寫在橫線上方與 8 對齊，把除掉的 5 寫在 8 的下方

$$\begin{array}{r} 1\phantom{7} \\ 5\overline{)8\,7} \\ 5\phantom{7} \\ \hline 3\,7 \end{array}$$

很明顯地，十位數剩下來的 3 已不夠被 5 除，所以把原來被除數的個位數 7 寫下來。亦即，現在我們把被除數當作 37，以 5 去除 37。因為 37 之中有 7 個 5，是以得商數 7，把 7 寫在橫線上方與被除數 87 中的個位數 7 對齊。同時要把除掉的 $5 \times 7 = 35$ 自 37 中減掉。因此，先把 35 寫在 37 的下面，再做減法 $37 - 35 = 2$。這些步驟寫成直式即為

$$\begin{array}{r} 1\,7 \\ 5\overline{)8\,7} \\ 5\phantom{7} \\ \hline 3\,7 \\ 3\,5 \\ \hline 2 \end{array}$$

所以最後的答案為商數 17，餘數為 2。以橫式表示則為 $87 \div 5 = 17 \cdots$ 餘數 2。

## §1.5 除法

當除數為二位數、三位數或更大時,我們都遵循這個法則去做。只要掌握住要領,任何除式都可以迎刃而解的。再看下面的例子。

**例題 1.5.4**

計算 $3845 \div 16 = ?$

第一步,還是將題目寫成直式

$$16 \overline{)3845}$$

這個題目中除數是一個二位數 16,因此被除數的千位數 3 顯然是不夠被除的。所以在被除數中自 3 向右退一位,以 38 除以 16,得商數 2,餘數 6,寫之如下:

$$\begin{array}{r} 2\phantom{000} \\ 16{\overline{\smash{\big)}\,3845\phantom{)}}} \\ \underline{32\phantom{00}} \\ 6\phantom{00} \end{array}$$

注意商數 2 必須寫在橫線上方與被除數 3845 中的百位數 8 對齊。因此,在做完這個步驟之後,百位數只剩下 6 又不夠被 16 除,所以把被除數 3845 中的十位數 4 寫下來,以 64 除以 16。這個時候 64 正好可以被 16 整除,得商數 4,把它寫在橫線上方與被除數

3845 中的十位數 4 對齊如下：

$$\begin{array}{r} 2\,4\phantom{0} \\ 16\overline{\smash{\big)}\,3845} \\ 32\phantom{00} \\ \hline 64\phantom{0} \\ 64\phantom{0} \\ \end{array}$$

此時沒有留下任何餘數，但並不表示題目已經做完，因為被除數 3845 中的個位數 5 還沒有被 16 除。所以在 64 的下面再畫一橫線，把 5 寫在橫線的下方。顯然 5 也是不夠被 16 除，所以餘數就是 5。但是我們必須在商數的個位數補上一個零，因為別忘記商數 4 是寫在十位數的。所以最後得到

$$\begin{array}{r} 2\,4\,0 \\ 16\overline{\smash{\big)}\,3845} \\ 32\phantom{00} \\ \hline 64\phantom{0} \\ 64\phantom{0} \\ \hline 5 \\ \end{array}$$

也就是商數為 240，餘數為 5。以橫式表示則為 $3845 \div 16 = 240 \cdots$ 餘數 5。

## §1.5 除法

### 例題 1.5.5

計算 $1284 \div 36 = ?$

第一步，還是將題目先寫成直式

$$36 \overline{)1284}$$

由於被除數的千位數和百位數的數字合起來 12 仍然不夠被 36 除，因此一開始就得用被除數的前三位數 128 除以 36，得商數 3，餘數 20。把 3 寫在橫線上方與被除數 1284 中的十位數 8 對齊如下：

$$\begin{array}{r} 3\phantom{00} \\ 36{\overline{\smash{\big)}\,1284\phantom{0}}} \\ \underline{108\phantom{0}} \\ 20\phantom{0} \end{array}$$

這個時候 20 也不夠被 36 除，所以把被除數 1284 中的個位數 4 寫下來，以 204 除以 36，得商數 5，餘數 24，即

$$\begin{array}{r} 35 \\ 36{\overline{\smash{\big)}\,1284}} \\ \underline{108\phantom{0}} \\ 204 \\ \underline{180} \\ 24 \end{array}$$

最後，因為 24 不夠被 36 除，所以就留下來當作餘數。因此，用橫式表示得 $1284 \div 36 = 35 \cdots$ 餘數 24。

當除數為三位數時做法也是一樣，底下我們再舉二個除數為三位數的例子，其中的過程不再詳細解說，只給簡單必要的說明和分解的步驟。

**例題 1.5.6**

計算 $5288 \div 241 = ?$

先寫成直式

$$241 \overline{)5288}$$

第一步，用 241 去除 528 得

$$\begin{array}{r} 2\phantom{00} \\ 241 \overline{)5288} \\ 482\phantom{0} \\ \hline 468\phantom{0} \end{array}$$

現在，再用 241 去除 468 得

$$\begin{array}{r} 21 \\ 241 \overline{)5288} \\ 482\phantom{0} \\ \hline 468\phantom{0} \\ 241 \\ \hline 227 \end{array}$$

因此答案是 $5288 \div 241 = 21 \cdots$ 餘數 227。

## §1.5 除法

> **例題 1.5.7**
>
> 計算 $2168 \div 409 = ?$
>
> 寫成直式如下：
>
> $$409 \overline{)2168}$$
>
> 在這個題目中，被除數 2168 的前三位數 216 還是不夠被 409 除。所以直接以 2168 除以 409 得
>
> $$\begin{array}{r} 5\phantom{000} \\ 409{\overline{\smash{\big)}\,2168\phantom{0}}} \\ \underline{2045\phantom{0}} \\ 123\phantom{0} \end{array}$$
>
> 因此答案是 $2168 \div 409 = 5 \cdots$ 餘數 123。

## 練習 1.5

計算下列除式，若不能整除，則把餘數寫下來。

1. $12 \div 3 =$
2. $9 \div 2 =$
3. $22 \div 3 =$
4. $18 \div 2 =$
5. $29 \div 5 =$
6. $28 \div 7 =$
7. $33 \div 11 =$
8. $42 \div 3 =$
9. $35 \div 4 =$
10. $64 \div 4 =$
11. $68 \div 9 =$
12. $76 \div 8 =$
13. $54 \div 12 =$
14. $78 \div 13 =$

15. $84 \div 21 =$
16. $56 \div 11 =$
17. $71 \div 20 =$
18. $69 \div 23 =$
19. $64 \div 10 =$
20. $88 \div 22 =$
21. $97 \div 19 =$
22. $85 \div 17 =$
23. $67 \div 31 =$
24. $42 \div 11 =$
25. $123 \div 11 =$
26. $345 \div 15 =$
27. $284 \div 24 =$
28. $503 \div 40 =$
29. $426 \div 22 =$
30. $624 \div 12 =$
31. $218 \div 14 =$
32. $835 \div 16 =$
33. $486 \div 31 =$
34. $198 \div 17 =$
35. $724 \div 18 =$
36. $536 \div 29 =$
37. $2102 \div 15 =$
38. $4235 \div 25 =$
39. $1978 \div 43 =$
40. $3824 \div 19 =$
41. $6123 \div 33 =$
42. $2683 \div 19 =$
43. $1326 \div 56 =$
44. $4012 \div 28 =$
45. $8352 \div 64 =$
46. $5404 \div 35 =$
47. $6068 \div 11 =$
48. $3712 \div 16 =$
49. $4188 \div 212 =$
50. $2370 \div 362 =$
51. $3108 \div 250 =$
52. $3868 \div 170 =$
53. $6942 \div 330 =$
54. $5022 \div 234 =$
55. $2668 \div 114 =$
56. $4487 \div 414 =$
57. $2066 \div 189 =$
58. $1988 \div 105 =$
59. $3505 \div 150 =$
60. $7734 \div 121 =$

## §1.5  除法

61. $12345 \div 25 =$
62. $32044 \div 24 =$
63. $24155 \div 45 =$
64. $21544 \div 123 =$
65. $40282 \div 198 =$
66. $18905 \div 125 =$
67. $123456 \div 12 =$
68. $460024 \div 18 =$
69. $310831 \div 25 =$
70. $316625 \div 250 =$
71. $207842 \div 168 =$
72. $116804 \div 308 =$

# 附錄：九九乘法表

$1 \times 1 = 1$      $2 \times 1 = 2$      $3 \times 1 = 3$
$1 \times 2 = 2$      $2 \times 2 = 4$      $3 \times 2 = 6$
$1 \times 3 = 3$      $2 \times 3 = 6$      $3 \times 3 = 9$
$1 \times 4 = 4$      $2 \times 4 = 8$      $3 \times 4 = 12$
$1 \times 5 = 5$      $2 \times 5 = 10$     $3 \times 5 = 15$
$1 \times 6 = 6$      $2 \times 6 = 12$     $3 \times 6 = 18$
$1 \times 7 = 7$      $2 \times 7 = 14$     $3 \times 7 = 21$
$1 \times 8 = 8$      $2 \times 8 = 16$     $3 \times 8 = 24$
$1 \times 9 = 9$      $2 \times 9 = 18$     $3 \times 9 = 27$

$4 \times 1 = 4$      $5 \times 1 = 5$      $6 \times 1 = 6$
$4 \times 2 = 8$      $5 \times 2 = 10$     $6 \times 2 = 12$
$4 \times 3 = 12$     $5 \times 3 = 15$     $6 \times 3 = 18$
$4 \times 4 = 16$     $5 \times 4 = 20$     $6 \times 4 = 24$
$4 \times 5 = 20$     $5 \times 5 = 25$     $6 \times 5 = 30$
$4 \times 6 = 24$     $5 \times 6 = 30$     $6 \times 6 = 36$
$4 \times 7 = 28$     $5 \times 7 = 35$     $6 \times 7 = 42$
$4 \times 8 = 32$     $5 \times 8 = 40$     $6 \times 8 = 48$
$4 \times 9 = 36$     $5 \times 9 = 45$     $6 \times 9 = 54$

$7 \times 1 = 7$      $8 \times 1 = 8$      $9 \times 1 = 9$
$7 \times 2 = 14$     $8 \times 2 = 16$     $9 \times 2 = 18$
$7 \times 3 = 21$     $8 \times 3 = 24$     $9 \times 3 = 27$
$7 \times 4 = 28$     $8 \times 4 = 32$     $9 \times 4 = 36$
$7 \times 5 = 35$     $8 \times 5 = 40$     $9 \times 5 = 45$
$7 \times 6 = 42$     $8 \times 6 = 48$     $9 \times 6 = 54$
$7 \times 7 = 49$     $8 \times 7 = 56$     $9 \times 7 = 63$
$7 \times 8 = 56$     $8 \times 8 = 64$     $9 \times 8 = 72$
$7 \times 9 = 63$     $8 \times 9 = 72$     $9 \times 9 = 81$

# 第 2 章
# 因數與倍數

## §2.1 因數

在第 1 章裡,我們介紹了乘法以及其反運算除法。現在,我們再做更進一步的探討。假設有二個正整數,一個為被除數 $M$,另一個為除數 $D$,經由除法的運算,我們可以得到

$$M = Q \times D + R,\qquad(2.1.1)$$

其中,$Q$ 為商數,$R$ 為餘數。此時,$R$ 大於或等於零,但小於 $D$。這個時候,如果 $R$ 等於零,我們就說 $D$ 整除 $M$,也說 $D$ 是 $M$ 的一個**因數**。所以,一個正整數為另外一個正整數的因數,就表示前者整除後者。很清楚地可以看出,對於任意一個正整數,1 和這個正整數本身都一定是此正整數的因數。是以除了 1 以外的每一個正整數,最少會有二個

因數。而且,一個正整數的因數一定是小於或等於這個正整數。另外,若 2 為一個正整數的因數,我們便將此正整數稱為**偶數**,否則稱之為**奇數**。因此,2、4、6、8、⋯ 等為偶數,而 1、3、5、7、9、⋯ 等則為奇數。底下我們看一些例子。

**例題 2.1.1**

試問 12 的因數有哪些?

因為 12 可以被 1、2、3、4、6、12 整除,所以 1、2、3、4、6、12 都是 12 的因數。

**例題 2.1.2**

試問 13 的因數有哪些?

13 只有 1 和 13 二個因數。

一個大於 1 的正整數如果只有,也就是正好有,二個因數,我們就把它稱為**質數**。也就是說,一個正整數是質數如果它的因數只有 1 和本身。質數在整數的理論裡扮演著相當重要的角色。我們把前面的幾個質數表列如下:

2、3、5、7、11、13、17、19、23、29、31、37、⋯。

注意到在所有的質數當中,只有 2 是偶數,其餘的都是奇數。至於一個大於 1 的正整數,如果不是質數的話,我們就

§2.1  因數　　　　　　　　　　　　　　　　　　　　41

將之稱為**合成數**。所以，

　　4、6、8、9、10、15、72、106、969、2108、⋯

等等都是合成數。

　　另外，一個正整數的所有小於此正整數之因數的和若等於這個正整數自己，也就是說，一個正整數的所有因數的和若等於這個正整數的二倍，我們就把這個正整數稱為**完全數**，或**完美數**，或**完備數**。例如：6 是最小的完全數，因為 6 的因數有 1、2、3 和 6，其中 1、2、3 小於 6 且 $1+2+3=6$。接下來，28、496、8128 也都是完全數。讀者是否能想出還有下一個完全數嗎？

　　現在假設有二個正整數，比如說，$M$ 和 $N$，我們當然可以把 $M$ 和 $N$ 的所有因數都列出來。這個時候，我們就會發現有一些正整數會同時是 $M$ 和 $N$ 的因數，最起碼 1 就同時是 $M$ 和 $N$ 的因數。我們把這些同時是 $M$ 和 $N$ 的因數稱為 $M$ 和 $N$ 的**公因數**。因此，1 就是任意二個正整數 $M$ 和 $N$ 的公因數。在 $M$ 和 $N$ 的所有公因數當中，會有一個最大的公因數，我們把它稱為 $M$ 和 $N$ 的**最大公因數**，通常將之記為 $\gcd(M,N)$。在這裡符號 gcd 是取自英文的最大公因數 greatest common divisor 的縮寫。注意到 $M$ 和 $N$ 的最大公因數永遠是小於或等於 $M$ 和 $N$ 這二個正整數中比較小的正整數。如果二個大於 1 之正整數的最大公因數為 1，我們就說這二個正整數**互質**。因此，二個互質的正整數是沒有比 1 大的公因數。接下來，我們看一些例子。

### 例題 2.1.3

試找出 8 和 12 的所有公因數,及其最大公因數。它們彼此互質嗎?

首先,我們分別把 8 和 12 的所有因數列出來。8 的因數有 1、2、4 和 8,至於 12 有因數 1、2、3、4、6 和 12。因此,8 和 12 的公因數有 1、2 和 4。最大公因數就是 4。因為 4 > 1,所以 8 和 12 沒有互質。

### 例題 2.1.4

試找出 7 和 20 的所有公因數,及其最大公因數。它們彼此互質嗎?

因為 7 是質數,所以 7 的因數只有 1 和 7。又由於 7 不是 20 的因數,因此,7 和 20 的公因數也只有 1。所以,$\gcd(7, 20) = 1$。也就是說,依據我們對互質的定義,7 和 20 為彼此互質。

當然,我們也是可以求多於二個正整數的公因數,及其最大公因數。

### 例題 2.1.5

試找出 8、12 和 20 的所有公因數,及其最大公因數。

在例題 2.1.3 我們已寫出 8、12 的所有因數。至於 20 則有因數 1、2、4、5、10 和 20。因此,它們的公

## §2.1 因數

> 因數有 1、2 和 4。所以，其最大公因數 $\gcd(8, 12, 20) = 4$。

## 練習 2.1

1. 試問下列正整數中，哪些是質數？哪些是合成數？
   2、3、4、7、8、12、19、23、34、35、53、66、73、91、93、101、110。
2. 試找出 98 的所有因數。
3. 試找出 24 的所有因數。
4. 試找出 113 的所有因數。
5. 試找出 246 的所有因數。
6. 試找出 385 的所有因數。
7. 試找出 1068 的所有因數。
8. 試找出 24 和 65 的所有公因數，及其最大公因數。它們彼此互質嗎？
9. 試找出 16 和 50 的所有公因數，及其最大公因數。它們彼此互質嗎？
10. 試找出 40 和 108 的所有公因數，及其最大公因數。它們彼此互質嗎？
11. 試找出 66 和 343 的所有公因數，及其最大公因數。它們彼此互質嗎？
12. 試找出 24、36 和 96 的所有公因數，及其最大公因數。

13. 試找出 40、64 和 104 的所有公因數,及其最大公因數。
14. 試找出 5、25 和 110 的所有公因數,及其最大公因數。
15. 試找出 24、60、120 和 132 的所有公因數,及其最大公因數。
16. 試證明 28 是一個完全數。

## §2.2 倍數

在進入本節的主題之前,我們先對後續討論會用到的符號進行說明。數學上當數字以符號表示時,在沒有疑慮的情況下為了方便起見,我們寫它們的乘積常常會省略掉中間的乘法符號 ×,也就是說,我們會寫 $MN$ 來代表 $M \times N$。這樣可以讓運算更為順暢。

回到主題。在上一節中,我們定義了所謂的因數。現在,我們要引進另外一個名詞**倍數**,定義如下:假設有二個正整數 $M$ 和 $D$,如果 $D$ 整除 $M$,亦即 $D$ 是 $M$ 的一個因數,我們就說 $M$ 是 $D$ 的一個倍數。根據倍數的定義,我們馬上可以知道的是,如果 $M$ 是 $D$ 的一個倍數,則 $M$ 一定是大於或等於 $D$,而且 $2M$、$3M$、$4M$、⋯ 等等也都會是 $D$ 的倍數。因此,所有 $D$ 的倍數的個數是數不盡的,在數學上我們就說 $D$ 的倍數有無窮多個。當然,在這無窮多個 $D$ 的倍數裡面,最小的一個就是 $D$ 自己。

## §2.2 倍數

> **例題 2.2.1**
> 所有偶數都是 2 的倍數。

> **例題 2.2.2**
> 3 的倍數有 3、6、9、12、⋯ 等。

> **例題 2.2.3**
> 5 的倍數有 5、10、15、20、⋯ 等。

現在，如果有二個正整數 $M$ 和 $N$，我們可以把它們的倍數分別都列出來。很明顯地，在這些 $M$ 和 $N$ 的倍數當中，會有一些正整數同時是 $M$ 和 $N$ 的倍數，如 $MN$、$2MN$、$3MN$、⋯ 等等都是。這些整數我們就將之稱為 $M$ 和 $N$ 的**公倍數**。在所有 $M$ 和 $N$ 的公倍數當中，會有一個公倍數它的值是最小的，我們把它稱為 $M$ 和 $N$ 的**最小公倍數**，通常以 $\text{lcm}(M,N)$ 來記之。在這裡符號 lcm 仍然是取自英文的最小公倍數 least common multiple 的縮寫。注意到 $M$ 和 $N$ 的最小公倍數永遠是大於或等於 $M$ 和 $N$ 這二個正整數中比較大的正整數。

> **例題 2.2.4**
> 試列出一些比較小的 8 和 12 的公倍數，其最小公倍數 $\text{lcm}(8,12)$ 又為何？

> 我們先將 8 和 12 比較小的倍數列出來。8 的倍數有 8、16、24、32、40、48、$\cdots$、96、104、$\cdots$ 等等，至於 12 有倍數 12、24、36、48、$\cdots$、96、108、$\cdots$ 等等。因此，24、48、72、96 是 8 和 12 的幾個比較小的倍數。所以，它們的最小公倍數 lcm(8, 12) = 24。

值得注意的是，在直覺上取兩數相乘似乎是找最小公倍數最簡單的方法，但所得的值可能會比最小公倍數大很多。像例題 2.2.4 中的最小公倍數 24 就比 8 和 12 的乘積 96 要小很多。在以後我們學分數的通分時，我們會希望所取到分母間的公倍數愈小愈好，這樣運算起來會比較方便。同樣地，我們也是可以求多於二個正整數的公倍數，及其最小公倍數。

**例題 2.2.5**

> 試求 3、6 和 8 的最小公倍數。
> 由於 6 是 3 的倍數，所以，我們只需求 6 和 8 的最小公倍數就可以了。6 的倍數有 6、12、18、24、$\cdots$ 等等，8 的倍數有 8、16、24、32、$\cdots$ 等等。因此，3、6 和 8 的最小公倍數就是 24，記作 lcm(3, 6, 8) = 24。

最後，我們回到二個正整數 $M$ 和 $N$ 的情形。在 2.1 節

## §2.2 倍數

中,我們知道如何去找它們的最大公因數 $G = \gcd(M, N)$。現在,我們也知道如何去找它們的最小公倍數 $L = \text{lcm}(M, N)$。在這四個數 $M$、$N$、$G$ 和 $L$ 當中,是否存在著什麼關係呢?底下,我們先看幾個例子。

**例題 2.2.6**

試求 $M = 4$,$N = 14$ 的最大公因數 $G$ 和最小公倍數 $L$。

經由簡單的計算就可以得知 $G = \gcd(4, 14) = 2$,$L = \text{lcm}(4, 14) = 28$。結果我們有 $MN = 4 \times 14 = 56 = 2 \times 28 = GL$。

**例題 2.2.7**

試求 $M = 6$,$N = 15$ 的最大公因數 $G$ 和最小公倍數 $L$。

很容易地,我們也可以得到 $G = \gcd(6, 15) = 3$,$L = \text{lcm}(6, 15) = 30$。因此,$MN = 6 \times 15 = 90 = 3 \times 30 = GL$。

上面兩個例子都告訴我們,二個正整數相乘會等於它們的最大公因數乘上它們的最小公倍數。這是一個巧合呢?還是對任意二個正整數都成立呢?下面的定理說明這樣的敘述永遠都是對的。

> **定理 2.2.8**
>
> 假設 $M$、$N$ 為任意二個正整數,若 $G = \gcd(M,N)$ 為 $M$ 和 $N$ 的最大公因數,$L = \text{lcm}(M,N)$ 為 $M$ 和 $N$ 的最小公倍數,則 $MN = GL$。

這個定理很清楚地告訴我們任意二個正整數 $M$、$N$ 和它們最大公因數 $G$ 與最小公倍數 $L$ 之間的關係。它有助於我們來檢驗最大公因數和最小公倍數的計算。我們在 2.4 節裡會對定理 2.2.8 作詳細的說明。

## 練習 2.2

1. 試寫出五個 12 的倍數。
2. 試寫出五個 7 的倍數。
3. 試寫出五個 23 的倍數。
4. 試寫出五個 16 的倍數。
5. 試寫出五個 31 的倍數。
6. 試寫出五個 4 和 10 的公倍數,並求它們的最小公倍數。
7. 試寫出五個 6 和 16 的公倍數,並求它們的最小公倍數。
8. 試寫出五個 5 和 12 的公倍數,並求它們的最小公倍數。
9. 試寫出五個 3、4 和 10 的公倍數,並求它們的最小公

倍數。

10. 試寫出五個 2、3 和 6 的公倍數,並求它們的最小公倍數。

11. 試寫出五個 4、5 和 11 的公倍數,並求它們的最小公倍數。

12. 試求 $G = \gcd(12, 20)$ 和 $L = \text{lcm}(12, 20)$?並驗證 $12 \times 20 = GL$。

13. 試求 $G = \gcd(18, 22)$ 和 $L = \text{lcm}(18, 22)$?並驗證 $18 \times 22 = GL$。

14. 試求 $G = \gcd(32, 40)$ 和 $L = \text{lcm}(32, 40)$?並驗證 $32 \times 40 = GL$。

15. 試求 $G = \gcd(46, 72)$ 和 $L = \text{lcm}(46, 72)$?並驗證 $46 \times 72 = GL$。

## §2.3 倍數檢驗法

在這一節中,我們將討論一個簡易的檢驗法,它可以幫助我們來確定一個正整數什麼時候是另外一個正整數的倍數。由於在本節和下一節的討論過程中,為了講解上方便起見,有些地方可能會用到負數的觀念,所以建議讀者可以等熟悉了基本的負數性質之後,再回來讀此部分。若欲直接閱讀本節,只要掌握除法的精神,也是不難領會其中之要義。

首先,我們回憶一下除法。假設有二個正整數,一個為

被除數，另外一個為除數。在經過除法的運算之後，我們可以得到

$$被除數 \div 除數 = 商數 \cdots 餘數, \qquad (2.3.1)$$

此時餘數為一個小於除數但是大於或等於零的整數。如果此時餘數為零，我們就說除數整除被除數，或者說被除數為除數的倍數。利用 (2.3.1) 我們將引進所謂的**同餘數**的概念。我們說二個正整數 $M$ 和 $N$ 在正整數 $P$ 之下為同餘數，就是說 $M$ 除以 $P$ 和 $N$ 除以 $P$ 有相同的餘數，亦即表示 $M$ 減 $N$ 為 $P$ 的整數倍數。此時的整數倍數是允許為負的。這個時候我們以下面的符號

$$M \equiv N \quad (模\ P) \qquad (2.3.2)$$

來表示 $M$ 和 $N$ 在正整數 $P$ 之下為同餘數（唸作：$M$ 和 $N$ 為模 $P$ 的同餘數）。

---

**例題 2.3.1**

因為 $25 - 19 = 6$ 可以被 2，或 3，或 6 整除，所以 25 和 19 為模 2，或模 3，或模 6 的同餘數，記為

$$25 \equiv 19 \quad (模\ 2),$$
$$25 \equiv 19 \quad (模\ 3),$$
$$25 \equiv 19 \quad (模\ 6)。$$

---

現在，假設 $A$ 是一個比較大的正整數，而 $B$ 為一個比

## §2.3 倍數檢驗法

較小的正整數。如果我們想知道 $A$ 是否為 $B$ 的整數倍數，辦法之一就是利用某些同餘數的性質，很快地，在模 $B$ 之下，找出一個 $A$ 的很小的同餘數 $A_1$，然後再去檢驗 $A_1$ 是否為 $B$ 的整數倍數。這樣就可以知道 $A$ 是否為 $B$ 的整數倍數。在這裡符號 $A_1$ 中的 1 只是一個下標記，用以表示 $A_1$ 是某一個整數。因此，底下我們先說明一些同餘數的性質。

---

**定理 2.3.2**

若 $A \equiv B$ (模 $P$) 且 $C \equiv D$ (模 $P$)，則
 (i) $A + C \equiv B + D$ (模 $P$)，
 (ii) $AC \equiv BD$ (模 $P$)。
這裡 $A$、$B$、$C$、$D$ 和 $P$ 皆為正整數。

---

在證明此定理時，我們會用到一些簡單的運算規則及符號的規定。一個就是乘法對加法的分配律。也就是說，當 $A$、$B$ 和 $C$ 表示三個正整數時，讀者不難驗證我們有下面的事實：

$$AB + AC = A(B+C) \quad \text{或} \quad AC + BC = (A+B)C \text{。}$$

符號 ( ) 表示括號裡面的運算先做。比如說：$6 \times 3 + 6 \times 8 = 18 + 48 = 66 = 6 \times 11 = 6 \times (3+8)$，或者 $5 \times 7 + 9 \times 7 = 35 + 63 = 98 = 14 \times 7 = (5+9) \times 7$。另外一個規定就是，我們會在一個正整數 $A$ 的右上方，也就是指數的位子，寫上一個正整數，比如說 3，以 $A^3$ 來表示 $A$ 乘以自己三次，

即 $A^3 = AAA$。一般而言，符號 $A^k$ 就表示 $A$ 乘以自己 $k$ 次（唸作：$A$ 的 $k$ 次方）。有了這些運算規則及符號的規定，我們便可以很順暢地來證明定理 2.3.2。

**證明：** 這個定理是說若 $A$ 和 $B$ 為模 $P$ 的同餘數，而且 $C$ 和 $D$ 也是模 $P$ 的同餘數，則 $A+C$ 與 $B+D$，或 $AC$ 與 $BD$ 也必為模 $P$ 的同餘數。

首先，我們證明 (i) 如下。因為 $A$ 和 $B$ 為模 $P$ 的同餘數，所以，

$$A = MP + R \quad 且 \quad B = NP + R, \tag{2.3.3}$$

這裡 $M$ 和 $N$ 為二個整數，而 $R$ 則為 $A$ 和 $B$ 除以 $P$ 的共同餘數。同樣的道理，由於 $C$ 和 $D$ 也是模 $P$ 的同餘數，所以，

$$C = XP + S \quad 且 \quad D = YP + S, \tag{2.3.4}$$

這裡 $X$ 和 $Y$ 也是二個整數，而 $S$ 為 $C$ 和 $D$ 除以 $P$ 的共同餘數。因此，得到

$$\begin{aligned} A + C &= MP + R + XP + S \\ &= MP + XP + R + S \\ &= (M+X)P + (R+S) \end{aligned}$$

和

$$B + D = (N+Y)P + (R+S)。$$

## §2.3 倍數檢驗法

所以，
$$(A+C)-(B+D)=(M+X-N-Y)P$$
為一個 $P$ 的整數倍數。這說明了 $A+C$ 與 $B+D$ 為模 $P$ 的同餘數。因此，(i) 證明完畢。

接著，我們證明 (ii)。利用 (2.3.3) 和 (2.3.4)，我們馬上得到
$$\begin{aligned}AC &= (MP+R)(XP+S)\\ &= (MP+R)XP+(MP+R)S\\ &= MXP^2+RXP+MPS+RS\\ &= (MXP+RX+MS)P+RS\end{aligned}$$
和
$$\begin{aligned}BD &= (NP+R)(YP+S)\\ &= (NYP+RY+NS)P+RS\text{。}\end{aligned}$$
因此，得到
$$AC-BD=(MXP+RX+MS-NYP-RY-NS)P$$
為一個 $P$ 的整數倍數。這說明了 $AC$ 與 $BD$ 也必為模 $P$ 的同餘數。因此，(ii) 也證明完畢。 □

定理 2.3.2 可以用來給出一個簡易的倍數檢驗法。底下我們分別討論幾種情形。

**2 的倍數：** 這種情形很簡單，任何一個偶數都是 2 的倍數。

例如 2、38、140、190532 都是 2 的倍數。

**5 的倍數：** 這種情形也很容易，因為任何一個 5 的倍數的個位數一定是 0 或 5。反之，一個正整數的個位數如果是 0 或 5，則它也一定是 5 的倍數。例如 25、130、4705、834690 都是 5 的倍數。

**4 的倍數：** 一個正整數會是 4 的倍數，首先，它必須是偶數。接著我們可以把這個整數分成兩個整數的和。第一個整數是由十位數和個位數所形成的二位數，第二個整數則是把原來整數中之十位數和個位數換成零所形成。很明顯地，第二個整數是 100 的倍數，所以也一定是 4 的倍數，可以不用去理它。因此，如果由十位數和個位數所形成的二位數是 4 的倍數，則原來的整數也一定是 4 的倍數。反之亦然。

> **例題 2.3.3**
>
> 整數 5292 是 4 的倍數，因為 $92 = 4 \times 23$ 是 4 的倍數。

> **例題 2.3.4**
>
> 整數 12834 不是 4 的倍數，因為 34 不是 4 的倍數。

**3 的倍數：** 檢驗一個正整數是否為 3 的倍數就有一點複雜，我們必須用同餘數的性質來討論它。現在我們假設有一個正整數，它為 5 位數。因此，我們可以把這個整數表示為 $abcde$，其中 $a$ 為萬位數是 1 到 9 之間的任

## §2.3 倍數檢驗法

何一個正整數,而 $b$、$c$、$d$、$e$ 則分別代表千位數、百位數、十位數和個位數,它們為 0 到 9 之間的任何一個整數。所以,這個整數可以寫成

$abcde$
$= a \times 10000 + b \times 1000 + c \times 100 + d \times 10 + e \times 1$
$= a \times 10^4 + b \times 10^3 + c \times 10^2 + d \times 10^1 + e \times 10^0$。

這裡,當 $A$ 為一個正整數時,我們規定 $A^0 = 1$。

因為 10 與 1 為模 3 的同餘數,由定理 2.3.2 得知 10 的任意次方與 1 都是模 3 的同餘數,也就是說對於任意正整數 $k$,我們有

$$10^k \equiv 1 \quad (\text{模 } 3)。$$

因此,利用定理 2.3.2,我們就可以得到

$abcde$
$= a \times 10^4 + b \times 10^3 + c \times 10^2 + d \times 10^1 + e \times 1$
$\equiv a \times 1 + b \times 1 + c \times 1 + d \times 1 + e \times 1 \quad (\text{模 } 3)$
$= a + b + c + d + e \quad (\text{模 } 3)。$

這說明了要檢驗一個正整數是否為 3 的倍數,我們只要看這個正整數的所有位數的數字和是否為 3 的倍數就行了。這的確是一個很棒的論述,展示了數學的美好,也是我們學習數學的一個很重要的動力。

> **例題 2.3.5**
>
> 整數 1293 是 3 的倍數，因為 $1+2+9+3 = 15 = 3 \times 5$ 是 3 的倍數。

> **例題 2.3.6**
>
> 整數 27481 不是 3 的倍數，因為 $2+7+4+8+1 = 22$ 不是 3 的倍數。

**11 的倍數：** 檢驗一個正整數是否為 11 的倍數和檢驗一個正整數是否為 3 的倍數方法是類似的。與 3 的倍數中的討論一樣，我們用一個 5 位數 $abcde$ 來說明。首先，我們注意到 10 和 $-1$ 為模 11 的同餘數，也就是說

$$10 \equiv -1 \quad (模\ 11)。$$

接著，由定理 2.3.2 得知，對於任意正整數 $k$ 我們都有

$$10^k \equiv (-1)^k \quad (模\ 11)。$$

因此，當 $k$ 為偶數時，

$$10^k \equiv 1 \quad (模\ 11)，$$

當 $k$ 為奇數時，

$$10^k \equiv -1 \quad (模\ 11)。$$

## §2.3 倍數檢驗法

所以，利用定理 2.3.2，我們就可以得到

$abcde$
$= a \times 10^4 + b \times 10^3 + c \times 10^2 + d \times 10^1 + e \times 10^0$
$\equiv a \times 1 + b \times (-1) + c \times 1 + d \times (-1) + e \times 1 \quad (模\ 11)$
$= a - b + c - d + e \quad (模\ 11)。$

這說明了要檢驗一個正整數是否為 11 的倍數，我們只要看這個正整數的「所有偶位數的數字和」減去「所有奇位數的數字和」是否為 11 的倍數就行了。

**例題 2.3.7**

整數 711293 是 11 的倍數，因為 $(7+1+9)-(1+2+3) = 17 - 6 = 11$ 是 11 的倍數。

**例題 2.3.8**

整數 2748135 不是 11 的倍數，因為 $(7+8+3)-(2+4+1+5) = 18 - 12 = 6$ 不是 11 的倍數。

## 練習 2.3

試問下列整數中，哪些是 2 的倍數？哪些是 3 的倍數？哪些是 4 的倍數？哪些是 5 的倍數？哪些是 11 的倍數？

1. 10
2. 12
3. 66
4. 81

5. 143    6. 165
7. 485    8. 782
9. 1100   10. 1320
11. 3567  12. 6511
13. 8132  14. 4477
15. 2519  16. 7604
17. 848176120    18. 2095747286
19. 4506258933   20. 62300461735

## §2.4　定理 2.2.8 的證明

在這一節中，我們將討論一些公因數和公倍數的性質，這對於瞭解整數的理論，有相當的助益。倘若讀者覺得本節之所述，較不易理解，可以先略過。等一段時間之後，再重新閱讀此章節，亦無不可。

現在，比如說，有 8 和 12 二個正整數。不難看出它們的最大公因數為 4，而且有 $12 - 8 = 1 \times 12 + (-1) \times 8 = 4$。再看另外一個例子，5 和 8 二個正整數。它們的最大公因數為 1，此時我們也有 $(-3) \times 5 + 2 \times 8 = 1$。也就是說，任意給定二個正整數，似乎是我們把這二個正整數分別乘上二個適當的整數後相加，就會得到這二個正整數的最大公因數。上面的兩個例子，說明這個敘述是對的。這是一個巧合？還是說這個敘述永遠都是對的？底下我們即將說明這個敘述對

## §2.4 定理 2.2.8 的證明

任意給定之二個正整數都是成立的。

> **定理 2.4.1**
>
> 假設 $M$、$N$ 為任意給定之二個正整數，則存在二個整數 $X$、$Y$，使得 $XM+YN = G$，其中 $G = \gcd(M,N)$ 為 $M$、$N$ 的最大公因數。

在這裡要注意到 $X$ 或 $Y$ 可能為零或是負的。例如 5 和 10 的最大公因數為 5，但是我們可以把 5 寫成 $5 = 1 \times 5 + 0 \times 10 = 3 \times 5 + (-1) \times 10$。

**證明：** 首先，我們把 $M$ 乘上任意整數 $X$ 加上 $N$ 乘上任意整數 $Y$ 所得到的整數，全部收集在一起。在所收集的這些整數當中，如果我們只看那些大於零的整數，很明顯地，其中會有一個最小的正整數，我們將之記為 $d$。所以，$d = X_1 M + Y_1 N$ 是由 $M$ 乘上某個整數 $X_1$ 加上 $N$ 乘上某個整數 $Y_1$ 所得。

接著，我們要說明 $d = G$，亦即 $d$ 就是 $M$ 和 $N$ 的最大公因數。第一步，先說明 $d$ 能夠整除我們所收集的那些整數。所以，自這些整數當中隨便挑一個出來，比如說，$A = X_2 M + Y_2 N$。以 $d$ 來除 $A$ 得

$$A = dQ + R，$$

其中，$Q$ 為商數，$R$ 為餘數。所以，$R$ 小於 $d$，但是 $R$ 大

於零或等於零。我們可以把 $R$ 改寫為

$$\begin{aligned} R &= A - dQ \\ &= X_2M + Y_2N - (X_1M + Y_1N)Q \\ &= (X_2 - X_1Q)M + (Y_2 - Y_1Q)N \text{。} \end{aligned}$$

很明顯地，$R$ 也是一個由 $M$ 乘上一個整數 $X_2 - X_1Q$ 加上 $N$ 乘上一個整數 $Y_2 - Y_1Q$ 所得到。因此，$R$ 也落在我們所收集的那些整數當中。因為 $d$ 是這些整數當中最小的正整數，再加上 $R$ 小於 $d$，所以 $R$ 一定要等於零，否則就會和 $d$ 的選取產生矛盾。是以，$R = 0$，亦即告訴我們說，所收集的這些整數當中的任意一個整數 $A$ 都是 $d$ 的倍數。特別地，因為 $M = 1 \times M + 0 \times N$ 和 $N = 0 \times M + 1 \times N$ 都在所收集的這些整數當中，所以，$M$ 和 $N$ 也都是 $d$ 的倍數。這表示 $d$ 是 $M$ 和 $N$ 的一個公因數。所以 $d$ 小於或等於 $M$ 和 $N$ 的最大公因數 $G$。又因為 $d = X_1M + Y_1N$，所以 $M$ 和 $N$ 的最大公因數 $G$ 會整除右式 $X_1M + Y_1N$。也因此 $G$ 會整除 $d$，並且得到 $G$ 小於或等於 $d$。所以唯一的可能就是 $d = G$。證明完畢。 □

定理 2.4.1 是一個很基本的工具。有了它之後，我們便可以對正整數之間的公因數和公倍數做更進一步的探討。底下我們將利用定理 2.4.1 來說明，任意二個正整數與它們的最大公因數和最小公倍數之間的關係（定理 2.2.8）。

## §2.4 定理 2.2.8 的證明

> **定理 2.2.8**
> 假設 $M$、$N$ 為任意二個正整數，若 $G = \gcd(M,N)$ 為 $M$ 和 $N$ 的最大公因數，$L = \operatorname{lcm}(M,N)$ 為 $M$ 和 $N$ 的最小公倍數，則 $MN = GL$。

**證明：** 首先，因為 $G$ 為 $M$ 和 $N$ 的最大公因數，所以 $M = GA$ 且 $N = GB$，其中 $A$、$B$ 為互質的二個正整數。理由是，若 $A$ 和 $B$ 有一個大於 $1$ 的公因數 $d$，則 $dG$ 也會是 $M$ 和 $N$ 的一個公因數，並且 $dG$ 大於 $G$。這就和 $G$ 是 $M$、$N$ 的最大公因數的題意矛盾，所以 $\gcd(A,B) = 1$。

接著，可以很容易地看出 $GAB = MB = NA$ 是 $M$ 和 $N$ 的一個公倍數。我們說 $GAB$ 就是 $M$ 和 $N$ 的最小公倍數 $L$。如果不是的話，$L$ 會小於 $GAB$，且

$$\begin{aligned} L &= ME = GAE \\ &= NF = GBF, \end{aligned} \quad (2.4.1)$$

其中 $E$、$F$ 為二個正整數，$E$ 小於 $B$，$F$ 小於 $A$。由 (2.4.1) 式馬上得到 $AE = BF$。又因為 $A$ 和 $B$ 的最大公因數為 $1$，利用定理 2.4.1，我們可以找到二個整數 $X$、$Y$ 使得

$$XA + YB = 1。\quad (2.4.2)$$

現在，把 (2.4.2) 式兩邊各乘上 $E$ 得

$$XAE + YBE = E。$$

由於 $AE = BF$，所以 $E = XAE + YBE = XBF + YBE = B(XF + YE)$。這表示說 $B$ 整除 $E$。但是 $E$ 是一個大於零、小於 $B$ 的正整數，它是無法被 $B$ 整除的。因此，我們前面的假設 $L$ 小於 $GAB$ 是錯誤的。所以，$L = GAB$。也因此，$MN = GAGB = GL$。證明完畢。 □

## 練習 2.4

1. 試找出二個整數 $X$、$Y$ 使得 $2X + 7Y = 1$。
2. 試找出二個整數 $X$、$Y$ 使得 $8X + 20Y = 4$。
3. 試找出二個整數 $X$、$Y$ 使得 $4X + 22Y = 2$。
4. 試找出二個整數 $X$、$Y$ 使得 $5X + 30Y = 5$。
5. 試找出二個整數 $X$、$Y$ 使得 $5X + 13Y = 1$。
6. 試找出二個整數 $X$、$Y$ 使得 $5X + 13Y = 4$。

# 第 3 章
# 分數與比值

在前兩章我們介紹了正整數,也講解了有關正整數的一些基本性質,比如說,因數與倍數的觀念,還有倍數檢驗法等等。然而在談到因數與倍數之餘,我們不免也要問,對於最小的正整數 1,我們是否可以再將之細分?如果可以的話,那又會產生什麼樣的數?這些數具有何種性質?它們之間的基本運算又是如何?這些問題都有待我們去回答。因此,在這一章裡我們將引進分數與比值的觀念,並且講解它們之間的基本運算要如何操作等問題。

## §3.1 分數與比值

分數是什麼?簡單地說,假如我們把一單位長的物體平均分成幾個等長的小物體,那麼其中一個小物體的長度就是原物體長度的幾分之一。這幾分之一在這裡指的是二個長度

的對比關係，也就是所謂的**分數**。這裡的「分」有「等分」和「平均分開」的意思。所以在數學上「幾分之一」除了表示一個數之外，也具有**比值**的意義，它代表等分後一個小單位之量與原單位之量的比。例如，三分之一就是把 1 分成 3 等份之後每一份的大小，我們將之記為 $\frac{1}{3}$，同時把符號中小橫線上方的數字 1 稱為**分子**，把小橫線下方的數字 3 稱為**分母**。很明顯地，根據定義三分之一亦可視為是以 3 去除 1 所得的數，同時它也表示 1 與 3 之比值。

所以，若 $m$ 為一個正整數，則 $m$ 分之一就是把 1 分成 $m$ 等份之後每一份的大小，我們將之記為 $\frac{1}{m}$。這個時候我們可以把 $\frac{1}{m}$ 連加 $n$ 次，所得到的數就是 $\frac{1}{m}$ 的 $n$ 倍，我們將之記為 $\frac{n}{m}$。$\frac{n}{m}$ 也是一個分數，其中 $n$ 為分子，$m$ 為分母。很自然地，我們也可以把 $\frac{n}{m}$ 解釋為以分母 $m$ 去除分子 $n$ 所得到的一個數，它也表示 $n$ 與 $m$ 之比值。既然分數 $\frac{n}{m}$ 等於分子 $n$ 除以分母 $m$ 所得到的數，所以如果把分子 $n$、分母 $m$ 分別乘上或除以同一個正整數 $d$，則分數的值是不會變的，也就是說，$\frac{n}{m} = \frac{n \times d}{m \times d} = \frac{n \div d}{m \div d}$。我們把分子 $n$、分母 $m$ 分別乘上同一個正整數 $d$ 的運算稱為**擴分**，把分子 $n$、分母 $m$ 分別除以同一個正整數 $d$ 的運算稱為**約分**。所以一個分數或是一個比值經過擴分或約分的運算，值是不會變的。

**例題 3.1.1**

$$\frac{4}{6} = \frac{8}{12} = \frac{2}{3} = \frac{40}{60} = \frac{800}{1200} = \frac{2000}{3000}。$$

## §3.1 分數與比值

當一個分數中的分子 $n$ 小於分母 $m$ 時,我們就把它稱為**真分數**;若分子 $n$ 大於或等於分母 $m$,我們就把它稱為**假分數**。對於一個假分數,經由除法運算以分母 $m$ 去除分子 $n$,如果得到餘數為零,我們便可以把它化為一個整數(即商數);如果餘數大於零,則可化為一個整數(即商數)加上一個以餘數為分子的真分數,我們就把它稱為**帶分數**。例如:$\frac{5}{6}$ 為一真分數,$\frac{12}{5}$ 則為一假分數。但是如果把 $\frac{12}{5}$ 化為 $2 + \frac{2}{5}$,簡寫為 $2\frac{2}{5}$,就是一個帶分數。因此,假分數、帶分數或整數之間是可以互換的。最後,若一個真分數的分子與分母之間沒有大於 1 的公因數,亦即分子與分母為互質,我們便將之稱為**最簡分數**。例如在例題 3.1.1 裡只有 $\frac{2}{3}$ 是最簡分數。

## 練習 3.1

1. 試問下列分數中,哪些是真分數?哪些是假分數?哪些是帶分數?

   $\frac{34}{19}$、$\frac{4}{7}$、$5\frac{1}{3}$、$\frac{22}{21}$、$\frac{6}{13}$、$46\frac{3}{4}$、$\frac{18}{11}$、$\frac{55}{67}$、$31\frac{5}{8}$、$\frac{27}{74}$。

2. 試把下列各假分數化成帶分數或整數。

   $\frac{23}{5}$、$\frac{46}{7}$、$\frac{48}{6}$、$\frac{14}{3}$、$\frac{76}{13}$、$\frac{102}{11}$、$\frac{176}{25}$、$\frac{214}{17}$、$\frac{311}{22}$、$\frac{401}{13}$。

3. 試把下列各帶分數化成假分數。

$3\frac{4}{7}$、$12\frac{3}{4}$、$8\frac{5}{9}$、$34\frac{11}{15}$、$23\frac{1}{6}$、$18\frac{2}{7}$、$56\frac{1}{3}$、$42\frac{6}{11}$、$25\frac{3}{8}$、$68\frac{12}{25}$。

## §3.2　分數的加法

對於任意二個分數，我們也可以把它們加起來。但是，當我們在做加法時，永遠都有一個最基本的原則要遵循，就是必須有一個共同的參考單位。例如，當我們在做整數的加法和減法時，我們所遵循的共同參考單位就是 1，以 1 為基準我們便可以做整數的加、減。又例如，5 打鉛筆和 6 枝鉛筆合起來共有多少枝鉛筆？對於這個問題我們所面臨的就是參考單位的不同。一打鉛筆有 12 枝鉛筆，顯然打和枝是不同的單位，所以我們不能說共有 $5+6=11$ 打鉛筆或 11 枝鉛筆。我們必須使用同一個參考單位才能相加。如果以枝為參考單位，我們便可以說共有 $5\times 12+6=60+6=66$ 枝鉛筆；但是若以打為參考單位，我們則可以說共有 $5+(6\div 12)=5\frac{1}{2}$ 打鉛筆。因此，假如我們要做分數的加法，一個共同的參考單位也是必須的。

在這裡我們必須注意到，當括號出現在一個算式裡面時，括號裡面的運算必須先做。如果一個算式裡面沒有括

## §3.2 分數的加法

號,我們則規定乘、除法先做,加、減法後做。若以上段中的算式 $5+(6\div 12)$ 為例,不加括號也是可以的,亦即,$5+(6\div 12) = 5+6\div 12 = 5\frac{1}{2}$。但是,如果我們在算式 $5+6\div 12$ 中,先做加法而得到 $5+6\div 12 = 11\div 12 = \frac{11}{12}$,則是錯的,因為除法要先做。

現在,假設 $\frac{a}{b}$ 和 $\frac{c}{d}$ 為二個分數,其中 $a$、$b$、$c$、$d$ 為正整數。為了要做 $\frac{a}{b}$ 和 $\frac{c}{d}$ 的加法,首先我們回憶一下分數的定義,$\frac{a}{b}$ 就是 $\frac{1}{b}$ 的 $a$ 倍,而 $\frac{c}{d}$ 則是 $\frac{1}{d}$ 的 $c$ 倍。因此,以 $\frac{a}{b}$ 而言,它所使用的參考單位就是 $\frac{1}{b}$,而 $\frac{c}{d}$ 所使用的參考單位則是 $\frac{1}{d}$。這兩個參考單位 $\frac{1}{b}$ 和 $\frac{1}{d}$,一般而言,顯然是不相等的。所以我們必須找到一個它們共通的參考單位作為運算的基準,辦法就是找一個數使得 $\frac{1}{b}$ 和 $\frac{1}{d}$ 都成為這個數的倍數,如此便可以這個數作為基準數來做加法。實際上的做法就是對 $\frac{1}{b}$ 和 $\frac{1}{d}$ 做擴分,我們先找一個 $b$ 和 $d$ 的公倍數 $m$,$m = be$ 且 $m = df$,其中 $e$、$f$ 為二個正整數。記得符號 $m = be$ 是代表 $m = b\times e$。如此,$\frac{1}{b} = \frac{e}{be} = \frac{e}{m}$ 便可以視為是 $\frac{1}{m}$ 的 $e$ 倍,當然 $\frac{a}{b} = \frac{ae}{be} = \frac{ae}{m}$ 就可以視為是 $\frac{1}{m}$ 的 $ae$ 倍。同樣的道理,$\frac{1}{d} = \frac{f}{df} = \frac{f}{m}$ 可以視為是 $\frac{1}{m}$ 的 $f$ 倍,而 $\frac{c}{d} = \frac{cf}{df} = \frac{cf}{m}$ 也就可以視為是 $\frac{1}{m}$ 的 $cf$ 倍。所以,$\frac{a}{b}$ 加上 $\frac{c}{d}$ 就是 $\frac{1}{m}$ 的 $ae+cf$ 倍,即 $\frac{ae+cf}{m}$。把這些算式一併寫下來就得

$$\frac{a}{b}+\frac{c}{d} = \frac{ae}{be}+\frac{cf}{df} = \frac{ae}{m}+\frac{cf}{m} = \frac{ae+cf}{m}。$$

在上面分數的加法運算當中，很明顯地可以看出最主要的一個關鍵就是把原來的二個分數表示成分母為一樣的分數，如此便可以相加。我們把這樣的步驟稱為對這二個分數做**通分**。另外值得注意的是，在尋找分母之間的公倍數時，盡量要讓公倍數的數字愈小愈好，因為它可以讓運算的過程中分子取的比較小，而比較容易計算。所以，在這個時候如果能取分母之間的最小公倍數，便可以簡化分子之間的運算。至於最小公倍數，經由定理 2.2.8 可以得知它會等於這二個正整數相乘後再除以它們的最大公因數，因此也很容易求得。但是若直接取這二個正整數相乘作為它們的公倍數亦無不可。底下我們舉例說明之。

**例題 3.2.1**

試計算 $\frac{13}{8} + \frac{17}{30} = ?$

首先，不難看出 8 和 30 的最大公因數為 2，所以 8 和 30 的最小公倍數為 $(8 \times 30) \div 2 = 240 \div 2 = 120$。因此通分之後得

$$\frac{13}{8} + \frac{17}{30} = \frac{13 \times 15}{8 \times 15} + \frac{17 \times 4}{30 \times 4}$$
$$= \frac{195}{120} + \frac{68}{120} = \frac{263}{120}$$
$$= 2\frac{23}{120} \, \circ$$

在上式中的最後一個步驟是把假分數化為帶分數，並盡可能地做約分。假如我們直接取 $8 \times 30 = 240$ 作為

§3.2 分數的加法

公倍數,則通分之後得

$$\frac{13}{8} + \frac{17}{30} = \frac{13 \times 30}{8 \times 30} + \frac{17 \times 8}{30 \times 8}$$
$$= \frac{390}{240} + \frac{136}{240} = \frac{526}{240} = \frac{263}{120}$$
$$= 2\frac{23}{120} \ \text{。}$$

由此可以看出,使用分母之間不同的公倍數並不會影響最後的結果,只是有可能讓分子變大增加計算的繁複和約分的運算罷了。

**例題 3.2.2**

試計算 $\frac{5}{6} + \frac{11}{9} + \frac{7}{20} = ?$

在這題加法裡面牽涉到三個分數的相加,我們可以先加其中的二個分數,然後再加第三個分數,如

$$\frac{5}{6} + \frac{11}{9} + \frac{7}{20} = \frac{5 \times 3}{6 \times 3} + \frac{11 \times 2}{9 \times 2} + \frac{7}{20}$$
$$= \frac{15}{18} + \frac{22}{18} + \frac{7}{20} = \frac{37}{18} + \frac{7}{20}$$
$$= \frac{37 \times 10}{18 \times 10} + \frac{7 \times 9}{20 \times 9}$$
$$= \frac{370}{180} + \frac{63}{180} = \frac{433}{180}$$
$$= 2\frac{73}{180} \ \text{。}$$

但是我們也可以直接取一個 6、9 和 20 的公倍數來做通分，例如取它們的最小公倍數 180，這樣就可以一併把三個分數加起來，如

$$\frac{5}{6} + \frac{11}{9} + \frac{7}{20} = \frac{5 \times 30}{6 \times 30} + \frac{11 \times 20}{9 \times 20} + \frac{7 \times 9}{20 \times 9}$$
$$= \frac{150}{180} + \frac{220}{180} + \frac{63}{180} = \frac{433}{180}$$
$$= 2\frac{73}{180}。$$

經由二種不同的運算方式，最後所得到的結果也一定是相同的。

但是如果牽涉到帶分數的相加，我們則有二種處理的方式。第一種方式是先將帶分數化成假分數之後，再做加法運算。另一種方式則是把帶分數中的整數部分和分數部分先分開，並分別做加法，最後再把它們合起來。第一種方式的優點是直截了當。至於第二種方式的好處則在於，當帶分數的整數部分很大時，可以避免轉化後假分數的分子變得太大，增加計算的繁複。

### 例題 3.2.3

試計算 $4\frac{5}{7} + 12\frac{2}{5} = ?$

首先，以第一種方式來運算。我們將帶分數化成

## §3.2 分數的加法

假分數之後,經由通分便可做加法如下:

$$4\frac{5}{7} + 12\frac{2}{5} = \frac{33}{7} + \frac{62}{5}$$
$$= \frac{33 \times 5}{7 \times 5} + \frac{62 \times 7}{5 \times 7}$$
$$= \frac{165}{35} + \frac{434}{35} = \frac{599}{35}$$
$$= 17\frac{4}{35} \text{。}$$

若利用第二種方式來運算,把帶分數中的整數部分和分數部分先分開,再分別做加法即得

$$4\frac{5}{7} + 12\frac{2}{5}$$
$$= 4 + \frac{5}{7} + 12 + \frac{2}{5} = 4 + 12 + \frac{5}{7} + \frac{2}{5}$$
$$= 16 + \frac{5 \times 5}{7 \times 5} + \frac{2 \times 7}{5 \times 7}$$
$$= 16 + \frac{25}{35} + \frac{14}{35} = 16 + \frac{39}{35}$$
$$= 16 + 1\frac{4}{35}$$
$$= 17\frac{4}{35} \text{。}$$

在上一道例題裡,由於帶分數中的整數部分並不大,因此感覺上第一種方式比較直接。現在我們再舉一個帶分數中整數部分很大的例題,此時便可以發現第二種方式反而比較簡單。

**例題 3.2.4**

試計算 $214\frac{3}{8} + 56\frac{1}{4} = ?$

首先以第一種方式來運算，我們得到

$$214\frac{3}{8} + 56\frac{1}{4} = \frac{1715}{8} + \frac{225}{4}$$
$$= \frac{1715}{8} + \frac{450}{8} = \frac{2165}{8}$$
$$= 270\frac{5}{8}。$$

現在利用第二種方式來運算如下：

$$214\frac{3}{8} + 56\frac{1}{4} = 214 + \frac{3}{8} + 56 + \frac{2}{8} = 270 + \frac{5}{8}$$
$$= 270\frac{5}{8}。$$

學會了通分之後，我們也可以比較二個分數的大小。所以，假設 $\frac{a}{b}$ 和 $\frac{c}{d}$ 為二個分數，其中 $a$、$b$、$c$、$d$ 為正整數。這個時候我們可以直接選 $bd$ 作為 $b$ 和 $d$ 的公倍數來對這二個分數做通分，得到 $\frac{a}{b} = \frac{ad}{bd}$ 和 $\frac{c}{d} = \frac{bc}{bd}$。此時這二個分數的分母就完全一樣了，因此只要比較分子便能知道它們的大小，亦即可由 $ad$ 和 $bc$ 的大小來決定這二個分數的大小。如果 $ad > bc$，則 $\frac{a}{b} > \frac{c}{d}$；若 $ad < bc$，則 $\frac{a}{b} < \frac{c}{d}$。我們把這種由第一個分數的分子乘上第二個分數的分母，和第一個分數的分母乘上第二個分數的分子的運算，稱之為**交叉相乘**。因此利用交叉相乘的概念，我們便能決定二個分數的大小。

## §3.2 分數的加法

**例題 3.2.5**

試比較 $\frac{6}{11}$、$\frac{7}{10}$ 和 $\frac{5}{8}$ 的大小。

利用交叉相乘得 $7 \times 8 = 56 > 50 = 5 \times 10$,所以 $\frac{7}{10} > \frac{5}{8}$。再利用一次交叉相乘得 $6 \times 8 = 48 < 55 = 5 \times 11$,所以 $\frac{6}{11} < \frac{5}{8}$。因此它們的大小關係為 $\frac{6}{11} < \frac{5}{8} < \frac{7}{10}$。

## 練習 3.2

I. 試計算下列各分數的加法。

1. $\frac{1}{2} + \frac{1}{5} =$
2. $\frac{3}{4} + \frac{5}{8} =$
3. $\frac{7}{9} + \frac{16}{21} =$
4. $\frac{5}{6} + \frac{11}{14} =$
5. $\frac{15}{22} + \frac{11}{26} =$
6. $\frac{103}{10} + 8\frac{5}{16} =$
7. $\frac{21}{13} + \frac{8}{15} =$
8. $\frac{49}{18} + 10\frac{3}{4} =$
9. $4\frac{17}{20} + \frac{52}{15} =$
10. $\frac{100}{12} + \frac{35}{28} =$
11. $\frac{1}{2} + \frac{1}{3} + \frac{1}{6} =$
12. $\frac{3}{4} + 3\frac{1}{2} + \frac{11}{6} =$
13. $4\frac{1}{2} + \frac{8}{5} + \frac{13}{10} =$
14. $\frac{15}{26} + \frac{20}{13} + 5\frac{7}{8} =$
15. $2\frac{1}{12} + \frac{11}{30} + 6\frac{2}{9} =$
16. $\frac{17}{14} + \frac{31}{42} + 3\frac{4}{7} =$
17. $\frac{12}{5} + 6\frac{1}{3} + 2\frac{7}{12} =$
18. $2\frac{5}{8} + \frac{13}{6} + \frac{19}{12} =$
19. $\frac{5}{22} + \frac{8}{11} + \frac{40}{121} =$
20. $\frac{5}{28} + 3\frac{8}{21} + \frac{22}{15} =$
21. $2\frac{1}{2} + \frac{5}{3} + \frac{11}{12} + \frac{3}{20} =$
22. $\frac{5}{8} + \frac{9}{4} + 6 + 3\frac{1}{10} =$
23. $\frac{7}{9} + \frac{4}{3} + \frac{13}{12} + 5\frac{1}{4} =$
24. $1\frac{3}{10} + \frac{25}{2} + \frac{12}{5} + 7\frac{2}{3} =$

II. 利用交叉相乘，試比較下列各題中分數的大小。

1. $\frac{11}{10}$、$\frac{21}{20}$、$\frac{101}{100}$。
2. $\frac{13}{15}$、$\frac{5}{6}$、$\frac{17}{20}$。
3. $4\frac{1}{2}$、$\frac{14}{3}$、$\frac{22}{5}$。
4. $\frac{61}{5}$、$\frac{35}{3}$、$\frac{49}{4}$。
5. $\frac{7}{15}$、$\frac{4}{7}$、$\frac{5}{9}$、$\frac{5}{11}$。
6. $\frac{3}{8}$、$\frac{7}{20}$、$\frac{4}{11}$、$\frac{11}{30}$。

## §3.3 分數的減法

講解完了分數的加法之後，我們也能做分數的減法。因為分數的減法和加法一樣，都必須基於共通的參考單位才能運算。所以二個分數相減時，第一個步驟也是通分，在通分之後便能做分數的減法運算了。我們直接舉例說明。

**例題 3.3.1**

試計算 $\frac{5}{6} - \frac{9}{14} = ?$

首先，做分數的通分。我們取 6 和 14 的最小公倍數 42，因此得

$$\frac{5}{6} - \frac{9}{14} = \frac{5 \times 7}{6 \times 7} - \frac{9 \times 3}{14 \times 3} = \frac{35}{42} - \frac{27}{42} = \frac{8}{42} = \frac{4}{21}。$$

**例題 3.3.2**

試計算 $20\frac{1}{3} - 9\frac{2}{5} = ?$

在這一題我們考慮二個帶分數的相減，所以先把

## §3.3 分數的減法

帶分數化成假分數。接著做分數的通分,便可得到

$$20\frac{1}{3} - 9\frac{2}{5} = \frac{61}{3} - \frac{47}{5}$$
$$= \frac{61 \times 5}{3 \times 5} - \frac{47 \times 3}{5 \times 3}$$
$$= \frac{305}{15} - \frac{141}{15} = \frac{164}{15}$$
$$= 10\frac{14}{15} \text{。}$$

**例題 3.3.3**

試計算 $123\frac{5}{6} - 15\frac{1}{4} = ?$

當二個帶分數相減時,如果被減數的分數部分足夠減掉減數的分數部分,此時我們便不需要把帶分數化成假分數,可以省略掉一些多餘的計算。因此在本題中我們各自處理帶分數的整數部分和分數部分,因而得到

$$123\frac{5}{6} - 15\frac{1}{4}$$
$$= 123 + \frac{5}{6} - (15 + \frac{1}{4}) = 123 - 15 + \frac{5}{6} - \frac{1}{4}$$
$$= 108 + \frac{10}{12} - \frac{3}{12} = 108 + \frac{7}{12}$$
$$= 108\frac{7}{12} \text{。}$$

## 練習 3.3

試計算下列各分數的減法。

1. $\frac{1}{2} - \frac{1}{3} =$
2. $\frac{2}{5} - \frac{3}{8} =$
3. $\frac{7}{4} - \frac{11}{14} =$
4. $4\frac{1}{2} - 2\frac{10}{13} =$
5. $\frac{25}{12} - \frac{11}{8} =$
6. $\frac{36}{13} - \frac{20}{11} =$
7. $7\frac{1}{8} - 5\frac{17}{20} =$
8. $\frac{88}{25} - 2\frac{33}{40} =$
9. $\frac{63}{20} - \frac{40}{15} =$
10. $\frac{7}{5} - \frac{15}{22} =$
11. $\frac{17}{4} - \frac{55}{26} =$
12. $\frac{111}{35} - \frac{39}{14} =$
13. $10\frac{1}{6} - \frac{51}{8} =$
14. $\frac{60}{7} - 3\frac{2}{15} =$
15. $5\frac{2}{9} - 2\frac{7}{12} =$
16. $4\frac{8}{23} - 1\frac{3}{4} =$
17. $\frac{49}{12} - \frac{44}{32} =$
18. $12\frac{9}{22} - 10\frac{6}{77} =$
19. $\frac{13}{16} - \frac{21}{76} =$
20. $\frac{51}{44} - \frac{64}{80} =$

## §3.4 分數的乘法

在這一節裡，我們講解分數的乘法。首先，我們還是看最簡單的情形，即一個分數 $\frac{n}{m}$ 乘以正整數 $d$ 的情形。因為分數 $\frac{n}{m}$ 表示 $\frac{1}{m}$ 的 $n$ 倍，所以 $\frac{n}{m}$ 的 $d$ 倍自然就是 $\frac{1}{m}$ 的 $nd$ 倍。這就說明了 $\frac{n}{m} \times d = \frac{nd}{m}$。

## §3.4 分數的乘法

> **例題 3.4.1**
>
> 試計算 $\frac{7}{12} \times 35 = ?$
>
> 根據以上的講解，即得
>
> $$\frac{7}{12} \times 35 = \frac{7 \times 35}{12} = \frac{245}{12} = 20\frac{5}{12}。$$

接下來，我們考慮任意二個分數 $\frac{a}{b}$ 和 $\frac{n}{m}$ 的相乘，即 $\frac{a}{b} \times \frac{n}{m}$。因為分數 $\frac{n}{m}$ 表示 $\frac{1}{m}$ 的 $n$ 倍，所以很自然地 $\frac{a}{b} \times \frac{n}{m}$ 即為 $\frac{a}{b} \times \frac{1}{m}$ 的 $n$ 倍。根據分數的定義，$\frac{1}{m}$ 也代表比值的意思。一個數的 $\frac{1}{m}$ 倍就等於是把這個數除以 $m$ 所得的數。因此，$\frac{a}{b} \times \frac{1}{m}$ 就是把 $\frac{a}{b}$ 再細分成 $m$ 等份之後的一份，也就是 $\frac{a}{b}$ 再除以 $m$ 的意思，所以很容易得到 $\frac{a}{b} \times \frac{1}{m} = \frac{a}{bm}$。既然 $\frac{a}{b} \times \frac{n}{m}$ 為 $\frac{a}{b} \times \frac{1}{m}$ 的 $n$ 倍，我們就馬上得到

$$\frac{a}{b} \times \frac{n}{m} = \left(\frac{a}{b} \times \frac{1}{m}\right) \times n = \frac{a}{bm} \times n = \frac{an}{bm}。$$

但是在分數的乘法運算過程中，若各分數皆已化為假分數，則我們可以先做約分的處理，以簡化整體的運算。例如，在 $\frac{a}{b} \times \frac{n}{m}$ 裡，若分母 $b$ 和分子 $n$ 有公因數 $d$，我們便可以把 $b$ 和 $n$ 分別寫成 $b = de$ 和 $n = df$，其中 $e$、$f$ 為正整數。因此在運算的過程中，我們可以做簡化的動作，把公因數 $d$ 約掉而不至於改變原題意的值。亦即，原式

$$\frac{a}{b} \times \frac{n}{m} = \frac{an}{bm} = \frac{adf}{dem} = \frac{af}{em},$$

也可以這樣運算

$$\frac{a}{b} \times \frac{n}{m} = \frac{a}{de} \times \frac{df}{m} = \frac{a}{e} \times \frac{f}{m} = \frac{af}{em}。$$

同樣地，若 $a$ 和 $b$、或 $a$ 和 $m$、或 $n$ 和 $m$ 之間分別有大於 1 的公因數，我們也可以分別做類似的約分處理，以簡化其中的運算。當然約分的動作也可以留到最後一步再來做，只是若事先未經約分的處理，在這個時候數字會變得比較大，以至於簡化或約分的過程可能會比較繁複，否則是無所謂的。

**例題 3.4.2**

試計算 $11\frac{5}{6} \times 14 = $？

首先將帶分數化為假分數，再按照以上講解的分數乘法運算即可得

$$\begin{aligned}11\frac{5}{6} \times 14 &= \frac{71}{6} \times 14 = \frac{994}{6} \\ &= 165\frac{4}{6} \\ &= 165\frac{2}{3}。\end{aligned}$$

誠如以上所述在分數乘法的運算過程中，當我們把帶分數化為假分數之後，可以先做約分的動作來簡化後續之運算。例如，我們可以把上式第二項中分母 6 和乘數 14 先約掉 2 的因數，再繼續做，結果也是一樣

## §3.4 分數的乘法

的。

$$11\frac{5}{6} \times 14 = \frac{71}{6} \times 14$$
$$= \frac{71}{3 \times 2} \times 2 \times 7 = \frac{71}{3} \times 7 = \frac{497}{3}$$
$$= 165\frac{2}{3}。$$

但是當分數為帶分數時，則不可以隨便做約分的動作，否則很容易出錯。例如，若我們一開始就把題目中分母 6 和乘數 14 約掉 2 的因數，則馬上會出現如下的錯誤：

$$11\frac{5}{6} \times 14 \neq 11\frac{5}{3} \times 7 = \frac{38}{3} \times 7 = \frac{266}{3} = 88\frac{2}{3}。$$

在上式中「$\neq$」是表示「**不等於**」的數學符號。不過我們倒可以先把 $11\frac{5}{6}$ 寫成 $11 + \frac{5}{6}$，然後再分別乘以 14，如此會得到二項 $11 \times 14$ 和 $\frac{5}{6} \times 14$，最後再把這二項相加，結果還是會一樣的。

$$11\frac{5}{6} \times 14 = \left(11 + \frac{5}{6}\right) \times 14 = 11 \times 14 + \frac{5}{6} \times 14$$
$$= 154 + \frac{70}{6}$$
$$= 154 + 11\frac{4}{6} = 165\frac{4}{6}$$
$$= 165\frac{2}{3}。$$

記得在一個算式裡面假如同時有加法和乘法，我們規定先做乘法，然後再自左而右運算。對於此部分，我們在第 5 章討論混合四則運算時，會再做更進一步的說明。

**例題 3.4.3**

試計算 $7\frac{5}{12} \times 3\frac{1}{9} = ?$

首先將帶分數化為假分數，再做分數的乘法運算。運算過程中可以利用正確的約分來簡化計算，即可得到

$$7\frac{5}{12} \times 3\frac{1}{9} = \frac{89}{12} \times \frac{28}{9}$$
$$= \frac{89}{3 \times 4} \times \frac{4 \times 7}{9} = \frac{89}{3} \times \frac{7}{9} = \frac{623}{27}$$
$$= 23\frac{2}{27} \text{。}$$

## 練習 3.4

試計算下列各分數的乘法。

1. $\frac{1}{3} \times \frac{2}{5} =$
2. $\frac{6}{7} \times \frac{3}{8} =$
3. $\frac{114}{36} \times 28 =$
4. $\frac{55}{18} \times \frac{44}{15} =$
5. $8\frac{1}{4} \times 3\frac{3}{7} =$
6. $34 \times 6\frac{3}{8} =$
7. $\frac{52}{27} \times 10\frac{1}{8} =$
8. $3\frac{2}{13} \times \frac{17}{4} =$
9. $76 \times \frac{53}{19} =$
10. $12\frac{5}{6} \times 2\frac{19}{33} =$
11. $\frac{45}{23} \times 2\frac{11}{12} =$
12. $29\frac{1}{2} \times 9\frac{2}{5} =$

13. $4\frac{1}{14} \times 23\frac{1}{3} =$ 　　　14. $2\frac{18}{77} \times 132 =$

15. $5\frac{5}{11} \times 7\frac{9}{16} =$ 　　　16. $4\frac{25}{63} \times 7\frac{1}{5} =$

17. $64 \times \frac{119}{24} =$ 　　　18. $8\frac{7}{12} \times 6\frac{3}{20} =$

19. $5\frac{13}{108} \times 11\frac{1}{7} =$ 　　　20. $15\frac{3}{4} \times 22\frac{4}{5} =$

## §3.5　分數的除法

學完了分數的加法、減法與乘法，最後我們要講解的就是除法運算。我們先從最簡單的情形講起。假設 $m$ 是一個正整數，那麼 1 除以 $\frac{1}{m}$ 是多少？根據除法的定義，這也就等於在問：1 裡面有幾個 $\frac{1}{m}$？為了瞭解這個問題，我們回想一下在本章第 1 節裡是如何定義 $\frac{1}{m}$。我們是先把 1 平均分成 $m$ 等份，而 $\frac{1}{m}$ 則是其中一份的大小。因此，1 裡面正好有 $m$ 個 $\frac{1}{m}$，所以，$1 \div \frac{1}{m} = m$。

接下來，我們看 1 除以 $\frac{n}{m}$ 是多少？其中 $m$ 和 $n$ 為二個正整數。因為 $\frac{n}{m}$ 是 $\frac{1}{m}$ 的 $n$ 倍，所以當除數的分子放大 $n$ 倍時，其商數就跟著縮小 $n$ 倍，因此很容易得知 $1 \div \frac{n}{m}$ 應該就是 $1 \div \frac{1}{m}$ 之後，再除以 $n$，也就是 $1 \div \frac{n}{m} = m \div n = \frac{m}{n}$。由此可知，在計算分數除法的過程中，我們可以把它寫成

$$1 \div \frac{n}{m} = \frac{m}{n} = 1 \times \frac{m}{n},$$

也就是把除數中的分子與分母對調，再把除法改為乘法來運算便行了。

**例題 3.5.1**

試計算 $6 \div 2\frac{2}{5} = \ ?$

首先將帶分數化為假分數,再按照以上的講解即可得

$$6 \div 2\frac{2}{5} = 6 \div \frac{12}{5} = 6 \times \frac{5}{12} = \frac{30}{12} = \frac{5}{2} = 2\frac{1}{2}。$$

理解了上面的做法之後,對於一般分數的除法我們也很容易處理。假設 $\frac{a}{b}$ 和 $\frac{n}{m}$ 為二個分數,其中 $a$、$b$、$m$ 和 $n$ 為正整數。那麼 $\frac{a}{b}$ 除以 $\frac{n}{m}$ 是多少?對於這個問題我們可以把 $\frac{a}{b}$ 看成 $\frac{a}{b} \times 1$,然後利用上面討論的方法,先做 $1 \div \frac{n}{m}$ 的部分,接著再做乘法的部分就行了。因此得到

$$\frac{a}{b} \div \frac{n}{m} = \frac{a}{b} \times 1 \div \frac{n}{m} = \frac{a}{b} \times \frac{m}{n} = \frac{am}{bn}。$$

所以和前面的討論一樣,只要把除數中的分子與分母對調,再把除法改為乘法來運算便行了。

**例題 3.5.2**

試計算 $4\frac{1}{6} \div 3\frac{10}{11} = \ ?$

當分數的除法中出現帶分數時,第一步就是先將帶分數化為假分數,然後再按照以上的講解逐步去做,最後再把假分數化為帶分數,即可得到

$$4\frac{1}{6} \div 3\frac{10}{11} = \frac{25}{6} \div \frac{43}{11} = \frac{25}{6} \times \frac{11}{43} = \frac{275}{258} = 1\frac{17}{258}。$$

## §3.5 分數的除法

## 練習 3.5

試計算下列各分數的除法。

1. $1 \div \frac{1}{6} =$
2. $4 \div \frac{10}{11} =$
3. $\frac{3}{13} \div \frac{15}{26} =$
4. $\frac{248}{11} \div 24 =$
5. $5\frac{12}{23} \div 2\frac{11}{35} =$
6. $108 \div 44\frac{2}{5} =$
7. $1\frac{14}{111} \div 11\frac{1}{4} =$
8. $3\frac{15}{77} \div 19\frac{5}{9} =$
9. $51 \div 5\frac{5}{8} =$
10. $23\frac{2}{15} \div 6\frac{3}{10} =$
11. $12\frac{7}{8} \div 9\frac{13}{15} =$
12. $52\frac{3}{4} \div 15\frac{5}{6} =$
13. $78\frac{2}{3} \div \frac{124}{45} =$
14. $3\frac{18}{35} \div 16\frac{4}{15} =$
15. $100 \div 20\frac{5}{7} =$
16. $2\frac{11}{102} \div 1\frac{25}{26} =$
17. $63\frac{9}{20} \div 15 =$
18. $32\frac{4}{9} \div 12 =$
19. $10\frac{8}{13} \div 4\frac{4}{7} =$
20. $14\frac{3}{5} \div 21\frac{1}{4} =$

# 第 4 章
# 小數

## §4.1　小數

　　在第 1 章講解正整數時，我們知道個位數是最小的一個位數，愈往左邊位數的值就愈大。每向左移一位數，位數的值就變大十倍。既然我們可以考慮讓位數的值變大，當然我們也可以考慮讓位數的值變小。但是，如果要考慮小於 1 的位數值，很重要的一件事就是，我們必須很清楚地知道這個數字的哪一個位置是代表個位數，如此才能正確地讀出這個數字的大小。所以，在此我們要引進一個新的符號，就是**小數點**。小數點就是我們在數字中間所記上的一個小黑點，例如，123.45。我們規定小黑點左邊相鄰的那個位置代表個位數，因此它右邊相鄰的那個位置即**十分位**。十分位上的 1 就是代表 1 的十分之一。再往右移一位便是**百分位**。百分位上

的 1 就是代表 1 的百分之一，餘類推。所以，在任何一個數字（可以有小數點）當中，位數往左移一位它的值就變大十倍，位數往右移一位它的值就變小十倍。底下我們寫出幾個位數來作說明：

| 9 | 8 | 7 | 6 | 5 | 4 | 3 | 2 | 1 | . | 1 | 2 | 3 | 4 |
|---|---|---|---|---|---|---|---|---|---|---|---|---|---|
| ↑ | ↑ | ↑ | ↑ | ↑ | ↑ | ↑ | ↑ | ↑ |   | ↑ | ↑ | ↑ | ↑ |
| 億位數 | 千萬位數 | 百萬位數 | 十萬位數 | 萬位數 | 千位數 | 百位數 | 十位數 | 個位數 | 小數點 | 十分位數 | 百分位數 | 千分位數 | 萬分位數 |

**例題 4.1.1**

$$123 = 12.3 \times 10 = 1.23 \times 100 = 0.123 \times 1000$$
$$= 1230 \div 10 = 12300 \div 100 \text{。}$$

一個數字若帶有小數點，亦即小數點右邊的位數不全為零，通常我們把它統稱為**帶小數**，簡稱為**小數**。在一個小數中，小數點左邊的數字稱為此小數的整數部分，小數點右邊的數字則稱為此小數的小數部分。例如，123.45 的整數部分就是 123，小數部分則為 0.45。若一個小數的整數部分為零，我們則又給它一個名字叫作**純小數**。例如，4.08 和 0.179 都是小數，但是 0.179 也是純小數。一般而言，我們可以把一個數，包括小數部分，用它的位數值，亦即十進位方式，表現出來。

## §4.1 小數

**例題 4.1.2**

$$456.78 = 4\times 100 + 5\times 10 + 6\times 1 + 7\times 0.1 + 8\times 0.01$$
$$= 4\times 10^2 + 5\times 10^1 + 6\times 10^0 + 7\times \frac{1}{10} + 8\times \frac{1}{100}$$
$$= 456 + \frac{78}{100} = \frac{45678}{100}$$
$$= 456\frac{78}{100} \text{。}$$

有了小數的概念之後,在處理分數或除法時,若留有餘數,我們便可以在商數加上小數點,並在餘數後面補零,然後繼續做下去。假如在有限個除法步驟之後便可以除盡,這個時候所得到的商數就是一個小數。所以,在加上小數點之後,若一個分數經過有限個除法步驟之後就可除盡,我們便知道這個分數可以化為一個小數。

**例題 4.1.3**

試計算 $\frac{5}{4} = 5 \div 4 = ?$

把題目寫成直式,再做除法運算。

```
      1.2 5
    ┌──────
  4 │ 5.
      4
     ───
      1 0
        8
      ───
        2 0
        2 0
        ───
```

所以，$\frac{5}{4} = 5 \div 4 = 1.25$。

反過來說，一個小數也一定可以化為分數。這個道理很簡單，因為一個小數 $X$ 若在小數點之後有 $k$ 個數字，我們只要將 $X$ 乘上 $10^k$ 便得到一個正整數 $X \times 10^k = M$。這樣 $X = X \times 10^k \div 10^k = M \div 10^k$ 就是一個分數了。

**例題 4.1.4**

試把 $4.128$ 化為分數。

這個小數 $4.128$ 在小數點之後有 $3$ 個數字。所以我們把它乘上 $10^3 = 1000$ 得 $4.128 \times 10^3 = 4128$。因此，

$$4.128 = \frac{4128}{1000} = \frac{1032}{250} = \frac{516}{125} = 4\frac{16}{125}。$$

當然我們也可以直接處理小數部分，亦即，

$$4.128 = 4 + 0.128 = 4 + \frac{128}{1000} = 4 + \frac{16}{125} = 4\frac{16}{125}。$$

綜合以上的討論，我們得到下面的定理。

**定理 4.1.5**

小數和可以除盡的分數是一樣的。在數學上，我們也這樣說，小數和可以除盡的分數是等價的。

## 練習 4.1

I. 試把下列各分數化為小數。

1. $\frac{1}{50}$
2. $\frac{22}{25}$
3. $\frac{2}{125}$
4. $\frac{17}{40}$
5. $\frac{60}{24}$
6. $\frac{49}{140}$
7. $\frac{108}{180}$
8. $\frac{1}{8}$
9. $\frac{30}{125}$
10. $\frac{102}{150}$

II. 試把下列各小數化為分數。

1. 0.17
2. 3.082
3. 1.85
4. 4.05
5. 0.626
6. 8.666
7. 15.15
8. 21.3
9. 8.38
10. 12.24

# §4.2 小數的加法

在講解完小數的定義之後，接著我們就可以討論小數的四則運算，即小數的加、減、乘、除。首先，我們說明小數的加法。

對於二個或甚至於更多個小數的加法，原則上和正整數的相加是一樣的。唯一需要注意的還是得把各個小數之相同位數值的數字對齊，如此才能正確的相加。因為現在考

慮的數可能會帶有小數點,以至於不同數目中最右邊數字的位數值可能會不一樣。因此當我們在做小數的加法時,不能像在做正整數的相加一樣對齊最右邊的個位數,而必須尋求各數之間的一個共通點。此時,小數點就具有做參考指標的作用,理由很清楚,因為小數點左邊緊鄰的位數永遠都是個位數,不易混淆。所以在做小數的加法時,只要對齊了小數點,則其他的位數也會一併自動地對齊。如此便能正確地做加法。底下我們做幾個例題來說明。

### 例題 4.2.1

試計算 $0.124 + 1.48 = ?$

首先,我們把題目寫成直式如下,但是要注意對齊小數點。

$$\begin{array}{r} 0.1\ 2\ 4 \\ +\ \ 1.4\ 8\ \ \\ \hline \end{array}$$

注意到在直式中小數 1.48 的後面留有一空缺,它可以被視為零,如此就可以自最右邊開始加起。等到加法做完之後,我們再把小數點對齊寫到答案上就完成了所有的步驟,如下直式圖示。

$$\begin{array}{r} 0.1\ 2\ 4 \\ +\ \ 1.4\ 8\ \ \\ \hline 1.6\ 0\ 4 \end{array}$$

## §4.2 小數的加法

以橫式表示得 $0.124 + 1.48 = 1.604$。

**例題 4.2.2**

試計算 $1.51 + 128.5 + 22.126 + 307 = ?$

先把題目寫成直式,注意要對齊小數點。然後就可以像正整數的相加一樣,自最右邊開始加起,最後再補上小數點就行了。我們直接以下面直式圖示之。

$$\begin{array}{r} 1.51 \\ 128.5\phantom{00} \\ 22.126 \\ +\phantom{0}307\phantom{.000} \\ \hline 459.136 \end{array}$$

以橫式表示得 $1.51 + 128.5 + 22.126 + 307 = 459.136$。

### 練習 4.2

試計算下列小數的加法。

1. $3.8 + 0.24 =$
2. $16.47 + 11.32 =$
3. $10.02 + 6.45 =$
4. $1.346 + 22.58 =$
5. $4.13 + 10.9 =$
6. $14.5 + 65.7 =$
7. $25.3 + 19.9 =$
8. $3.17 + 74.3 =$
9. $20.743 + 13.009 =$
10. $5.543 + 11.08 =$
11. $0.1234 + 3.692 =$
12. $23.981 + 8.0916 =$

13. $92.17 + 47.14 =$
14. $32.08 + 5.209 =$
15. $29 + 1.33 + 4.6 =$
16. $5.17 + 14.04 + 8.25 =$
17. $12.67 + 48 + 3.09 =$
18. $9.044 + 0.2 + 0.083 =$
19. $4.006 + 15.71 + 0.68 =$
20. $24.8 + 0.06 + 419 =$
21. $7.47 + 20.13 + 125.5 =$
22. $34.09 + 17.62 + 11.27 =$
23. $123.347 + 29.975 =$
24. $43.006 + 17.258 =$
25. $62.909 + 18.094 =$
26. $375.43 + 33.868 =$
27. $47.808 + 15.556 =$
28. $13.369 + 412.38 =$
29. $911.23 + 118.28 =$
30. $70.315 + 39.429 =$

## §4.3　小數的減法

減法和加法運算的原則基本上是一樣的，都是相同位數值的數字在做加、減。所以，相同位數值的數字必須對齊。是以在把小數點對齊之後，就可和正整數的減法一樣，自最右邊的位數開始運算。

### 例題 4.3.1

試計算 $0.1 - 0.047 = ?$

還是先把題目寫成直式，要注意對齊小數點。然後把直式中各數在右邊可能留下的空缺視為零，就可以像正整數的相減一樣，自最右邊的位數開始減起。最後再補上小數點就行了。若個位數沒有值我們也須

## §4.3 小數的減法

補零,底下以直式圖示之。

$$
\begin{array}{r}
0.1\phantom{00} \\
-\ 0.047 \\
\hline
0.053
\end{array}
$$

所以 $0.1 - 0.047 = 0.053$。

**例題 4.3.2**

試計算 $101.23 - 65.458 = ?$

我們直接對齊小數點,把題目寫成直式後運算,不再多所細述。

$$
\begin{array}{r}
101.23\phantom{0} \\
-\ 65.458 \\
\hline
35.772
\end{array}
$$

所以 $101.23 - 65.458 = 35.772$。

## 練習 4.3

試計算下列小數的減法。

1. $1 - 0.28 =$
2. $13 - 9.7 =$
3. $0.3 - 0.219 =$
4. $2.1 - 0.48 =$
5. $1.02 - 0.783 =$
6. $20.1 - 15.25 =$
7. $26.8 - 19.7 =$
8. $3.51 - 1.88 =$

9. $100 - 45.8 =$
10. $41.2 - 24.9 =$
11. $8.13 - 6.24 =$
12. $12.17 - 9.334 =$
13. $35.27 - 19.39 =$
14. $40.01 - 28.96 =$
15. $17.26 - 8.407 =$
16. $55.05 - 17.26 =$
17. $216.2 - 198.4 =$
18. $437.1 - 278.3 =$
19. $128.22 - 77.017 =$
20. $201.11 - 188.28 =$
21. $46.123 - 18.424 =$
22. $61.016 - 35.315 =$
23. $101.13 - 87.246 =$
24. $349.21 - 176.58 =$
25. $3028.45 - 1783.29 =$
26. $250.102 - 119.911 =$
27. $209.118 - 175.525 =$
28. $100.002 - 38.747 =$
29. $4008.1 - 2517.345 =$
30. $2115.64 - 698.519 =$

## §4.4　小數的乘法

講解完小數的加法與減法，接著我們討論小數的乘法。乘法的運算，很明顯地，和加法與減法有一些不同。基本上，加法與減法只是在同位數值上做加、減，再加上進位與退位的觀念即可。但是在乘法的運算裡，乘數的每個位數值的數字都分別要去乘被乘數的每個位數值的數字，而且乘出來的位數值也可能和原先的位數值不一樣。例如：個位數的數字與個位數的數字相乘，必須寫在個位數再加上可能的進位；而十位數的數字與百位數的數字相乘，則必須寫在千位數再加上可能的進位。又例如說，小數點右邊第一位（即十分位）的位數值 $\frac{1}{10}$ 和小數點右邊第二位（即百分位）的位數值

## §4.4 小數的乘法

$\frac{1}{100}$ 相乘,便得 $\frac{1}{10} \times \frac{1}{100} = \frac{1}{1000}$,也就是千分位的位數值,因此它必須寫在小數點右邊第 $1+2=3$ 位。由此可見,在乘法的運算裡,小數點是不是要對齊並不是重點。所以,當我們在做小數的乘法運算時,可以和做正整數的乘法運算一樣,對齊被乘數和乘數最右邊的數字便可以了。接著,做一般正整數的乘法運算。這個時候注意到,積數裡最右邊數字的位數值便等於被乘數最右邊數字的位數值乘上乘數最右邊數字的位數值。因此,當最後要在積數補上小數點時,必須讓小數點右邊的位數等於被乘數小數點右邊之位數加上乘數小數點右邊之位數的總和,如此就完成了小數乘法的運算。以上關於乘法運算的說明,也可以很清楚地從例題 4.1.2 的假分數表示式看出來。比如說:$1.2 \times 6.358 = \frac{12}{10} \times \frac{6358}{1000} = \frac{12 \times 6358}{10000}$,所以,當最後要在分子的積數補上小數點時,必須讓小數點右邊有 $1+3=4$ 位數。底下我們舉例說明之。

**例題 4.4.1**

試計算 $1.7 \times 6 = ?$

先把題目寫成直式,對齊被乘數和乘數最右邊的數字得

$$\begin{array}{r} 1.7 \\ \times \quad 6 \\ \hline \end{array}$$

由於被乘數小數點右邊只有一位數,而乘數小數點右邊沒有數,所以最後在積數補上小數點時,小數

點右邊必須有 $1+0=1$ 位數，因此得

$$\begin{array}{r} 1.7 \\ \times\phantom{00}6 \\ \hline 1\,0.2 \end{array}$$

以橫式表示為 $1.7 \times 6 = 10.2$。

**例題 4.4.2**

試計算 $24.18 \times 5.23 = ?$

對齊被乘數和乘數最右邊的數字，把題目寫成直式得

$$\begin{array}{r} 2\,4.1\,8 \\ \times \phantom{00}5.2\,3 \\ \end{array}$$

在這個題目裡，被乘數小數點右邊有二位數，乘數小數點右邊也有二位數，所以最後在積數補上小數點時，小數點右邊就必須有 $2+2=4$ 位數。因此得

$$\begin{array}{r} 2\,4.1\,8 \\ \times \phantom{000}5.2\,3 \\ \hline 7\,2\,5\,4 \\ 4\,8\,3\,6\phantom{0} \\ 1\,2\,0\,9\,0\phantom{00} \\ \hline 1\,2\,6.4\,6\,1\,4 \end{array}$$

以橫式表示為 $24.18 \times 5.23 = 126.4614$。

## §4.5 小數的除法

### 練習 4.4

試計算下列小數的乘法。

1. $1.2 \times 8 =$
2. $6 \times 3.5 =$
3. $47 \times 0.9 =$
4. $0.5 \times 68 =$
5. $2.9 \times 43 =$
6. $56 \times 1.8 =$
7. $2.4 \times 1.3 =$
8. $0.83 \times 35 =$
9. $3.9 \times 4.5 =$
10. $76 \times 0.18 =$
11. $3.7 \times 2.8 =$
12. $4.06 \times 7.9 =$
13. $4.17 \times 36 =$
14. $6.25 \times 24 =$
15. $5.43 \times 2.6 =$
16. $2.3 \times 0.912 =$
17. $1.24 \times 4.9 =$
18. $0.78 \times 6.39 =$
19. $33.4 \times 217 =$
20. $4.06 \times 525 =$
21. $622.6 \times 38 =$
22. $74.7 \times 23.3 =$
23. $782 \times 0.134 =$
24. $68.2 \times 2.19 =$
25. $205.6 \times 3.7 =$
26. $8.38 \times 3.14 =$
27. $108.5 \times 68 =$
28. $4.6 \times 52.35 =$
29. $23.8 \times 456 =$
30. $5.63 \times 8.92 =$

## §4.5 小數的除法

在這一節裡，除非特別聲明，否則我們將只討論除的盡的情形。首先我們考慮除數為一正整數，但是被除數可能帶有小數點的情形。這種情況比較單純，和正整數除以正整數的情形類似，唯一不同的是我們必須在商數補上小數點，而

且商數的小數點必須和被除數的小數點對齊。我們直接舉例說明之。

**例題 4.5.1**

試計算 $12.048 \div 8 = ?$

把題目先寫成直式得

$$\begin{array}{r} 8\overline{)12.048} \end{array}$$

現在開始自被除數的左邊做除法運算，最後在商數補上與被除數小數點對齊的小數點就可以了。

$$\begin{array}{r} 1.506 \\ 8\overline{)12.048} \\ \underline{8\phantom{.048}} \\ 40\phantom{48} \\ \underline{40\phantom{48}} \\ 48 \\ \underline{48} \end{array}$$

以橫式表示為 $12.048 \div 8 = 1.506$。

另一種情況是，除數帶有小數點，而被除數可能也帶有小數點。對於這種情形我們先想辦法把除數中的小數點消掉。因為我們假設除數可以除盡被除數，所以

被除數 = 商數 × 除數。

因此，這個時候若被除數和除數同時乘上相同的正整數，則此除式的商數並不會改變。基於這樣的理由，我們便可以同

## §4.5 小數的除法

時把除數和被除數的小數點各往右退相同的位數,而不至於影響到商數。如此就可以把問題轉化成除數為一正整數的情形,再利用前面討論的步驟,完成此除法運算。底下我們也是舉例說明之。

**例題 4.5.2**

試計算 $1.5 \div 0.004 = ?$

把題目先寫成直式得

$$0.004 \overline{\smash{\big)}\, 1.5}$$

因為除數 $0.004$ 在小數點右邊的千分位為 $4$,不為零,所以由以上的討論得知,我們必須把除數和被除數的小數點各往右退 3 位,接著做除法得

$$\begin{array}{r} 375 \\ 4 \overline{\smash{\big)}\, 1500} \\ \underline{12\phantom{00}} \\ 30\phantom{0} \\ \underline{28\phantom{0}} \\ 20 \\ \underline{20} \end{array}$$

以橫式寫出得 $1.5 \div 0.004 = 375$。

但是,如果在把除數和被除數的小數點各往右退相同的位數,且經過運算得到整數的商數之後,有可能會留下餘

數。這個時候處理的方式基本上有兩種:一種方式是取整數的商數之後,再寫下餘數;另一種方式是在商數補上小數點繼續把除式做完,記得在這裡我們假設除式是可以除盡的。對於第一種取整數商數,並寫下餘數的方式,我們必須非常的小心。因為經由退位再運算所留下之餘數,並不是原題意的餘數,它也因為小數點往右退位的動作而被放大了。所以,若要得到原題意的餘數,我們就必須把餘數的小數點對齊原被除數的小數點。底下的例題應該可以很清楚地說明這些現象。

**例題 4.5.3**

試計算 $1 \div 0.4 = ?$ 在此題中,若商數只取整數部分,試問商數與餘數各為多少?

把題目先寫成直式得

$$0.4 \overline{)1}$$

由於除數小數點右邊有一位數,所以我們把除數和被除數的小數點各往右退一位。因此當我們先做下列的除法時,商數是不會變的。

$$\begin{array}{r} 2\phantom{0} \\ 4{\overline{\smash{\big)}\,10\phantom{)}}} \\ \underline{8}\phantom{0} \\ 2\phantom{0} \end{array}$$

## §4.5 小數的除法

因此，若商數只取整數部分，從以上的運算得知，商數就是 2。現在問題來了，餘數到底是多少？是 2 嗎？顯然不是，因為 2 大於除數 0.4，這是違反餘數的定義。那麼餘數到底是多少？答案是，餘數為 0.2。理由是，當我們把除數和被除數的小數點各往右退一位做運算時，我們也同時把原題意之餘數的小數點往右退一位，亦即把原來的餘數放大了十倍。是以在上面運算完所留下來的餘數 2，並不是原題意的餘數，而是原題意之餘數的十倍。這就說明了為什麼原題意的餘數為 0.2，而不是 2。若我們以橫式來表示，可以寫成

$$1 \div 0.4 = 2 \cdots 餘數\ 0.2。$$

當然在這個時候我們也可以選擇在商數補上小數點，然後繼續把除式做完。我們以下列的直式運算表示之。

$$\begin{array}{r} 2.5 \\ 4\overline{)1\ 0\ \ } \\ \underline{8\phantom{0}} \\ 2\ 0 \\ \underline{2\ 0} \end{array}$$

若以橫式表示則為 $1 \div 0.4 = 2.5$。

## 練習 4.5

試計算下列小數的除法。

1. $10.8 \div 9 =$
2. $1.44 \div 3 =$
3. $2.04 \div 12 =$
4. $40.5 \div 15 =$
5. $36.18 \div 18 =$
6. $1.95 \div 13 =$
7. $5.44 \div 17 =$
8. $12.05 \div 5 =$
9. $4.182 \div 123 =$
10. $35.36 \div 68 =$
11. $1 \div 4 =$
12. $1 \div 8 =$
13. $14 \div 0.05 =$
14. $1 \div 16 =$
15. $20.06 \div 0.4 =$
16. $12.1 \div 0.11 =$
17. $0.325 \div 1.3 =$
18. $17.5 \div 0.14 =$
19. $101.2 \div 0.005 =$
20. $7.944 \div 0.06 =$
21. $2.13 \div 15 =$
22. $366 \div 0.12 =$
23. $4.255 \div 0.23 =$
24. $322 \div 11.5 =$
25. $9.156 \div 0.42 =$
26. $155 \div 1.24 =$
27. $21.2 \div 0.0008 =$
28. $618 \div 0.48 =$
29. $1452.66 \div 21.3 =$
30. $299.706 \div 71.7 =$

## §4.6 循環小數

在本章的第 1 節中,我們講解了小數,也瞭解到小數和可以除盡的分數是一樣的。現在,我們則要更進一步來探討一般分數和小數的關係。

首先,我們看一個簡單的例子 $\frac{1}{3}$。$\frac{1}{3}$ 是把 1 分成 3 等份之後其中一份的大小,因此這和以 3 去除 1 是一樣的。當我們用 3 去除 1 時,由於 1 不夠被 3 除,可以先補上小數點,並在小數點後面加個零,再繼續做除法運算。這個時候,不難發現此題在加了小數點之後,同樣的情形會一直重複出現,永遠都無法除盡。因此,在一直做下去之後,會得到商數 $\frac{1}{3} = 0.3333\cdots$,它的小數位數是不會停止的。像這樣在小數點之後出現無窮多位數且最後面不全為零的小數,我們就將之稱為**無窮小數**。無窮小數又可分為二類,第一類是在小數點之後某位數開始會出現一個循環的環節,因此這類無窮小數又稱為**循環小數**,而把這個循環的環節稱為**循環節**。以 $0.3333\cdots$ 為例,它在十分位就開始以 3 循環,所以它的循環節就是 3。通常我們把循環小數 $0.3333\cdots$ 簡寫成 $0.\overline{3}$,也就是在循環節的上方加一小橫線表示之。又例如循環小數 $0.19373737\cdots$,它在千分位開始以 37 循環,所以它的循環節就是 37,我們把它簡寫為 $0.19\overline{37}$。注意到循環小數 $0.19\overline{37}$ 也可以寫成 $0.193\overline{737}$,只是這樣的寫法並無太大的意義。至於第二類的無窮小數就是它在小數點之後都

不會出現任何一個循環節，因此我們把它稱為**無窮非循環小數**。舉例來說，如果我們在相鄰的二個 1 之間插入逐次增加個數的 0，即 0.10100100010000100000⋯，就是一個典型的無窮非循環小數。另外，在本書第 6 章所介紹的圓周率 $\pi = 3.14159265358979\cdots$ 也是一個無窮非循環小數。至於一般的小數，我們當然可以把小數後面的無窮位數全視為零。因此廣義地說，我們可以把小數視為以 0 為循環節的循環小數。所以這一節最主要的工作就是要說明分數和循環小數是可以互換的。底下的定理可以視為是定理 4.1.5 的推廣。

### 定理 4.6.1

分數和循環小數是一樣的。

**證明：** 首先，考慮一個分數，我們可以假設分子小於分母，否則就先做除法把整數部分提出來，剩下來的分數部分便會滿足此假設。現在，加上小數點之後，開始以分母去除分子。若是在有限次的除法運算之後就除盡了，那麼我們便得到一個小數，一種特別的循環小數，因此這種情形就討論完畢。

接著我們看分母除分子都除不盡的情形。注意到在此情況之下，我們先暫時不管小數點的問題，只是在被除數部分持續補零讓除法運算可以一直做下去。每做完一次除法的運

§4.6　循環小數

算,都會留下一個餘數,它是一個大於零,小於除數(即分母)的正整數。因此當除法的運算被做完分母這麼多次之後,這個過程也同時會得到與分母這個數字一樣多的餘數。由於這些餘數都是大於零且小於分母的正整數,因此很容易就可以看出,至少會有一個餘數重複出現二次。也就是說,這個餘數和它下一次出現中間所夾的數字,如果有的話,就會導致於在商數那邊形成一個循環節。這就說明了由此分數所得到的商數是一個循環小數,且構成循環節中數字的個數不會大過分母這個數字減一。所以任何一個分數都可以化為一個循環小數。

反過來說,假設有一個循環小數 $X$,它的循環節有 $k$ 個數字。現在把 $X$ 乘上 $10^k$,亦即把小數點往右退了 $k$ 位,然後再減去 $X$。我們就會發現 $X \times 10^k - X$ 成為一個小數,從原先循環節開始的位數起都減成零了。比如說:$12.6\overline{58} \times 10^2 - 12.6\overline{58} = 1265.8\overline{58} - 12.6\overline{58} = 1253.2$。但是,由定理 4.1.5 知道,小數是可以化成分數的。所以,$X \times 10^k - X = (10^k - 1) \times X$ 就是一個分數。因此,

$$X = \frac{(10^k - 1) \times X}{10^k - 1}$$

也是一個分數。證明完畢。　　　　　　　　　　　　　□

底下我們舉幾個例子。

**例題 4.6.2**

試把 $\frac{5}{13}$ 化成一個循環小數。

我們把題目寫成直式,加上小數點之後,做除法得

```
          0.3 8 4 6 1 5
    13 ) 5.0
         3 9
         ─────
         1 1 0      ← 第一個餘數 11
         1 0 4
         ─────
             6 0    ← 第二個餘數 6
             5 2
             ─────
               8 0  ← 第三個餘數 8
               7 8
               ─────
                 2 0 ← 第四個餘數 2
                 1 3
                 ─────
                   7 0 ← 第五個餘數 7
                   6 5
                   ─────
                     5 ← 第六個餘數 5
```

在經過六次的除法運算之後,我們看到餘數出現 5,而 5 也是原來的分子,因此商數就開始循環了。所以,$\frac{5}{13} = 0.\overline{384615}$。這個循環小數的循環節有 6 個數字,6 小於 $12 = 13 - 1$,亦即 6 小於分母減一。

## §4.6 循環小數

**例題 4.6.3**

試把 $\frac{1}{7}$ 化成一個循環小數。

同樣地，我們把題目寫成直式，加上小數點之後，做除法得

```
      0.1 4 2 8 5 7
   ┌─────────────────
 7 ) 1.0
     7
     ───
       3 0      ← 第一個餘數 3
       2 8
       ───
         2 0    ← 第二個餘數 2
         1 4
         ───
           6 0  ← 第三個餘數 6
           5 6
           ───
             4 0  ← 第四個餘數 4
             3 5
             ───
               5 0  ← 第五個餘數 5
               4 9
               ───
                 1  ← 第六個餘數 1
```

我們發現這個除法必須經過六次的除法運算之後，所得的餘數才會和分子相等。因此，它的循環節會有 6 個數字。因為分母為 7，依據定理 4.6.1 的證明，循環節出現 $6 = 7 - 1$ 個數字已經是最大的可能了。所以，$\frac{1}{7} = 0.\overline{142857}$。

### 例題 4.6.4

試把 $12.05\overline{138}$ 化為一個分數。

我們可以令 $X = 12.05\overline{138}$。因為這個循環小數 $X$ 的循環節有 3 個數字，所以我們把 $X$ 乘上 $10^3 = 1000$，再減去 $X$，得

$$999X = 1000 \times X - X$$
$$= 12051.38\overline{138} - 12.05\overline{138}$$
$$= 12039.33$$
$$= \frac{1203933}{100}。$$

因此，$X = 12.05\overline{138} = \frac{1203933}{99900} = 12\frac{1711}{33300}$ 為一分數。

## 練習 4.6

I. 試把下列各分數化為循環小數。

1. $\frac{3}{7}$      2. $\frac{2}{11}$
3. $\frac{22}{3}$      4. $\frac{40}{15}$
5. $\frac{31}{9}$      6. $\frac{25}{13}$
7. $\frac{60}{17}$      8. $\frac{20}{19}$
9. $\frac{20}{13}$      10. $\frac{76}{13}$

II. 試把下列各循環小數化為分數。

1. $0.\overline{9}$      2. $4.1\overline{43}$
3. $6.0\overline{121}$      4. $2.88\overline{25}$

§4.6　循環小數

5. $0.\overline{704}$
6. $10.4\overline{18}$
7. $0.\overline{1213}$
8. $4.00\overline{37}$
9. $1.\overline{1002}$
10. $3.71\overline{3}$
11. $12.\overline{3148}$
12. $0.\overline{256}$

# 第 5 章
# 混合四則運算與不等式

在分別學完了正整數、分數和小數的加、減、乘、除之後，接著我們要把這四種運算混合著做。因此在這一章我們要引進負數的觀念，也要學習在計算的過程中如何運用括號。當我們把這些技巧都學會，能夠運用自如之時，我們也已經熟習且具備了數學上最基本的運算能力，可以繼續探索數學的奧秘。

## §5.1 負數的定義

在這一節裡，我們將首先給負數一個定義。在有了負數之後，我們便可以把數的範圍由原本只有正數、零，推廣到正數、零和負數，同時原先的加、減、乘、除等基本運算也可以順利推廣到此較大的範圍內操作。如此，數的架構就會

更臻完備，處理問題起來也會更方便。

所以，現在我們先定義什麼叫作負數。假設 $M$ 為一個正數，這裡的正數指的是正整數或正分數，我們把 $M$ 的**負數**定義為 $0-M$，並把它簡寫為 $-M$。由此負數的定義可以知道，$M$ 的負數 $-M$ 是一個新的數，以前並沒有見過，我們可以把它解釋為從零當中拿走 $M$ 那麼大的一個數，或者想像成它是要減掉 $M$ 這個數的一個運算。因此，任何數 $N$ 一旦加上 $M$ 的負數，即 $N+(-M)$，就等於是從 $N$ 中再減去 $M$。這也可以直接由負數的定義得到：

$$N+(-M) = N+0-M = N-M。 \quad (5.1.1)$$

所以，$M$ 加上它自己的負數 $-M$ 就等於 $M+(-M) = M-M = 0$。由此可見，我們也可以把 $M$ 的負數定義為一個加上 $M$ 之後會等於 $0$ 的數，也就是 $M$ 的**相反數**。

基於相同的理由，對於一個負數，我們也可以如法泡製再定義它的負數。因此，若 $X$ 已經是一個負數，我們定義 $X$ 的負數為一個數 $Y$，它會使得 $X+Y=0$，這時候我們也把 $X$ 的負數 $Y$ 記為 $-X$。由定義也可以得知 $Y = 0-X$。所以不論 $M$ 是正數或負數，它的負數 $-M$ 都等於 $0-M$。

有了這些基本的定義之後，若 $M$ 為任意一個數，則 $M$ 的負數就是 $-M$。所以，

$$M+(-M) = 0。 \quad (5.1.2)$$

## §5.1 負數的定義

因此,再根據負數的定義,很明顯地從 (5.1.2) 可以得知,$-M$ 的負數就是 $-(-M) = M$。也就是以下的性質。

> **性質 5.1.1**:若 $M$ 為任意一個數,則 $-(-M) = M$。

另外根據負數的定義,我們也很容易有下面的性質。

> **性質 5.1.2**:假設 $M$ 和 $N$ 為任意二個數,則 $M$ 減 $N$ 和 $M$ 加上 $N$ 的負數是一樣的,即 $M - N = M + (-N)$。

這個性質很容易說明。因為等式左邊的「$-$」號表示減,而等式右邊的「$-$」號則表示 $N$ 的負數,所以,

$$M - N = M + 0 - N = M + (-N),$$

其中第二個等式即由負數的定義得到。

> **性質 5.1.3**:假設 $M$ 和 $N$ 為任意二個數,則 $-(M + N) = (-M) + (-N)$。

因為根據負數的定義,我們有

$$0 = M + N + (-(M + N)),$$

所以在等式的兩邊分別減掉 $M$ 和 $N$,便得到

$$0 - M - N = M + N + (-(M + N)) - M - N。$$

因此，
$$-(M+N) = 0 - M - N$$
$$= 0 - M + 0 - N$$
$$= (-M) + (-N)。$$

> **性質 5.1.4**：若 $M - N$ 為任意二個數 $M$ 和 $N$ 的相減，則它的負數為
> $$-(M - N) = (-M) + N = N - M。$$

這個性質和性質 5.1.3 類似，因為根據負數的定義，我們得到
$$M - N + (-(M - N)) = 0。$$
所以在等式的兩邊分別減掉 $M$，再加上 $N$，便得到
$$0 - M + N = M - N + (-(M - N)) - M + N。$$
因此，
$$-(M - N) = 0 - M + N = (-M) + N = N - M。$$
這解釋了性質 5.1.4 成立的原因。

> **性質 5.1.5**：若 $M$、$N$ 為任意二個正數，則 $(-M) \times N = -(M \times N) = M \times (-N)$。

## §5.1 負數的定義

在這裡我們注意到，當 $N$ 為一個正數時，不難看出乘法對加法具有分配律，因此我們也可以得到

$$0 = 0 \times N$$
$$= (M + (-M)) \times N$$
$$= M \times N + (-M) \times N。$$

所以，$M \times N$ 的負數 $-(M \times N) = (-M) \times N$。類似的證明也可以得到另一等式。

---
**性質 5.1.6**：若 $M$、$N$ 為任意二個正數，則 $(-M) \times (-N) = M \times N$。

---

首先，我們有

$$0 = 0 \times (-N)$$
$$= (M + (-M)) \times (-N)$$
$$= M \times (-N) + (-M) \times (-N)。$$

因此根據負數的定義和利用性質 5.1.1 與性質 5.1.5，便可得

$$(-M) \times (-N) = -(M \times (-N))$$
$$= -(-(M \times N))$$
$$= M \times N。$$

有了這些關於負數的性質，我們便可以很容易地處理一些有關負數的運算。底下我們舉例說明之。

**例題 5.1.7**

5 的負數為 $-5$，而 $-5$ 的負數為 $-(-5) = 0 - (-5) = 5$。所以，$3 - (-5) = 3 + 0 - (-5) = 3 + 5 = 8$。

**例題 5.1.8**

$-(4 + 7) = (-4) + (-7) = 0 - 4 + 0 - 7 = -11$。

**例題 5.1.9**

$-(8.2 - 3.6) = (-8.2) + 3.6 = 3.6 - 8.2 = -4.6$。

**例題 5.1.10**

$-(5 - 14) = (-5) + 14 = 14 - 5 = 9$。

**例題 5.1.11**

$4 - 12 = 4 - (4+8) = 4 + (-4) + (-8) = 0 + (-8) = -8$。

**例題 5.1.12**

$(-4) \times 8 = -32 = 4 \times (-8)$。

**例題 5.1.13**

$(-3) \times (-12) = 36$。特別地，當 $k$ 為正偶數時，$(-1)^k = 1$；當 $k$ 為正奇數時，$(-1)^k = -1$。

§5.2 混合四則運算（一）

## 練習 5.1

試計算下列各式。

1. $6 - 22 =$
2. $1.1 - 3.5 =$
3. $8 - 70 =$
4. $34 - 56 =$
5. $1.02 - 2.11 =$
6. $48 - 165 =$
7. $\frac{33}{8} - \frac{27}{6} =$
8. $\frac{4}{13} - \frac{1}{3} =$
9. $-(34 - 28) =$
10. $-(2.12 - 1.75) =$
11. $-(17.4 - 9.6) =$
12. $-(325 - 259) =$
13. $-(132 - 54) =$
14. $-(262 - 108) =$
15. $-(27\frac{5}{8} - \frac{100}{9}) =$
16. $-(\frac{47}{3} - 8\frac{1}{4}) =$
17. $-(37 - 114) =$
18. $-(105 - 318) =$
19. $-(4.6 - 2.502) =$
20. $-(9.7 - 13.2) =$
21. $-(31.4 - 43.8) =$
22. $-(151 - 293) =$
23. $-(11 - \frac{73}{5}) =$
24. $-(\frac{22}{6} - \frac{100}{8}) =$
25. $-(\frac{14}{3} - 5\frac{1}{7}) =$
26. $-(\frac{9}{2} - \frac{63}{10}) =$
27. $(-16) \times 4.08 =$
28. $24 \times (-3\frac{7}{10}) =$
29. $(-45) \times (-19) =$
30. $(-3\frac{5}{13}) \times (-1\frac{48}{121}) =$

## §5.2　混合四則運算（一）

　　有了負數的觀念之後，接著我們便可以把加、減、乘、除和負數混合在一起運算。在運算的過程中，除非有特別的說明，否則我們規定**乘和除法的運算必須要先做（自左而**

右），**然後再整體自左而右運算**。除此以外，就沒有其他的限制了。所以當一道題目裡只有牽涉到乘、除，而沒有加、減的運算時，我們就直接自左而右運算即可。同樣地，若一道題目裡只有牽涉到加、減，而沒有乘、除的運算，我們也是直接自左而右運算即可。底下我們舉幾個例題來說明，便能很清楚地瞭解如何做混合的四則運算了。

**例題 5.2.1**

試計算 $102 - 76 - 34 + 21 + 3 = ?$

在這道題目裡只有加、減，而沒有乘、除的運算，所以我們可以直接自左而右運算得

$$102 - 76 - 34 + 21 + 3 = 26 - 34 + 21 + 3$$
$$= -8 + 21 + 3$$
$$= 13 + 3$$
$$= 16。$$

對於這道題目我們也可以先做 $-76 - 34 = -110$ 和 $21 + 3 = 24$，然後再做其他的運算，所得到的結果也是一樣的。

$$102 - 76 - 34 + 21 + 3 = 102 - 110 + 24$$
$$= -8 + 24$$
$$= 16。$$

## §5.2 混合四則運算（一）

如果我們先做 $-34 + 21 = -(34 - 21) = -13$，接著再做其他的運算，結果也是一樣的。

$$102 - 76 - 34 + 21 + 3 = 102 - 76 - 13 + 3$$
$$= 26 - 13 + 3$$
$$= 13 + 3$$
$$= 16 \, \circ$$

但是千萬要注意，我們絕對不可以先做 $34 + 21 = 55$，然後再把它減掉如下：

$$102 - 76 - 55 + 3 = 26 - 55 + 3 = -29 + 3 = -26 \, \circ$$

這是錯誤的運算。因為這樣我們已經誤解題意，把 $+21$ 當成 $-21$ 在運算。

### 例題 5.2.2

試計算 $16 \div 4 \times 3 \times 7 = ?$

在這道題目裡只有乘、除，而沒有加、減的運算，我們直接自左而右運算得

$$16 \div 4 \times 3 \times 7 = 4 \times 3 \times 7$$
$$= 12 \times 7$$
$$= 84 \, \circ$$

由於 ×3 和 ×7 同屬於乘法的運算,我們可以先做 $3 \times 7 = 21$,接著再做其他的運算,結果也是一樣的。

$$16 \div 4 \times 3 \times 7 = 16 \div 4 \times 21$$
$$= 4 \times 21$$
$$= 84 \circ$$

**例題 5.2.3**

試計算 $12 \times 36 \div 9 \times 2 = ?$

這道題目也是只有乘、除,而沒有加、減的運算,所以我們可以直接自左而右運算得

$$12 \times 36 \div 9 \times 2 = 432 \div 9 \times 2$$
$$= \frac{432}{9} \times 2$$
$$= \frac{864}{9}$$
$$= 96 \circ$$

但是,若我們沒有遵照自左而右運算的原則進行,而先做 $9 \times 2 = 18$,便會得到如下錯誤的結果:

$$12 \times 36 \div 18 = 432 \div 18 = 24 \circ$$

是以在做類似的題目時要特別地留意。

§5.2 混合四則運算（一）

**例題 5.2.4**

試計算 $80 \div 10 \div 2 = ?$

這道題目也是只有乘、除，而沒有加、減的運算，直接自左而右運算得

$$80 \div 10 \div 2 = 8 \div 2 = 4。$$

但是，如果我們先做 $10 \div 2 = 5$，也會得到如下錯誤的結果：

$$80 \div 5 = 16。$$

**例題 5.2.5**

試計算 $68 + 23 \times 12 - 27 \div 3 = ?$

在這道題目裡有加、減，也有乘、除的運算，所以我們必須先做乘、除的運算，然後再自左而右運算，便得到

$$\begin{aligned} 68 + 23 \times 12 - 27 \div 3 &= 68 + 276 - 9 \\ &= 344 - 9 \\ &= 335。 \end{aligned}$$

**例題 5.2.6**

試計算 $10 - 3.6 \div 3 - 1.2 \times 5 = ?$

這道題目是小數的加、減、乘、除四則運算，所

以我們還是先做乘、除的運算,然後再自左而右運算,便可以得到

$$10 - 3.6 \div 3 - 1.2 \times 5 = 10 - 1.2 - 6$$
$$= 8.8 - 6$$
$$= 2.8 \circ$$

**例題 5.2.7**

試計算 $\frac{5}{3} + \frac{3}{7} \div \frac{4}{5} \times 8 = ?$

這是一道有關分數的四則運算的題目。只要我們清楚如何做分數的加、減、乘、除等運算,這樣的問題也是很容易的。

$$\frac{5}{3} + \frac{3}{7} \div \frac{4}{5} \times 8 = \frac{5}{3} + \frac{3}{7} \times \frac{5}{4} \times 8$$
$$= \frac{5}{3} + \frac{3}{7} \times \frac{5}{1} \times 2 = \frac{5}{3} + \frac{30}{7}$$
$$= \frac{35}{21} + \frac{90}{21} = \frac{125}{21}$$
$$= 5\frac{20}{21} \circ$$

## 練習 5.2

試計算下列各式。

1. $45 - 12 - 18 + 7 =$
2. $38 - 65 + 34 - 19 =$

§5.2　混合四則運算（一）

3. $102 - 37 - 55 + 68 + 2 =$
4. $202 - 98 + 27 - 114 =$
5. $10.9 - 9.34 - 0.04 + 3.17 =$
6. $25.8 + 1.9 + 4.11 - 15.28 =$
7. $\frac{3}{14} + 4 + \frac{22}{5} - \frac{34}{10} =$
8. $\frac{5}{12} + \frac{113}{4} - 8\frac{7}{9} - \frac{11}{3} =$
9. $54 - 8.45 - 27.35 + 2.29 =$
10. $5.99 + 3.13 + 0.07 - 6.94 =$
11. $\frac{100}{11} - \frac{11}{3} - \frac{17}{2} + 6\frac{2}{3} =$
12. $\frac{21}{4} + \frac{35}{10} + 2\frac{2}{5} - 8\frac{3}{8} =$
13. $22 \times 16 \div 2 \div 11 \times 15 =$
14. $24 \times 78 \times 6 \div 8 \div 13 =$
15. $45 \div 5 \times 28 \times 4 \div 7 =$
16. $18 \times 36 \div 3 \div 9 \times 34 =$
17. $10.8 \times 25 \div 6 \times 1.5 =$
18. $2.24 \times 12 \div 0.56 \times 23 =$
19. $\frac{13}{5} \times \frac{2}{15} \times \frac{30}{16} \div \frac{1}{7} =$
20. $\frac{6}{11} \div \frac{4}{15} \times \frac{10}{12} \div \frac{20}{32} =$
21. $8.4 \div 7 \div 2 \times 1.19 =$
22. $6.24 \div 0.4 \times 2.8 \times 1.3 =$
23. $21 \div \frac{3}{7} \times 18 \div 24 =$
24. $\frac{36}{11} \div 6 \div \frac{18}{5} \times \frac{13}{2} =$

25. $16 \times 108 \div 9 + 201 - 25 =$
26. $107 - 72 \div 9 \times 6 + 98 =$
27. $11 + 45 \div 3 - 4 \times 7 =$
28. $64 \div 8 - 5 + 22 \div 2 \times 9 =$
29. $48 \times 15 \div 3 - 120 \div 4 =$
30. $37 - 98 \div 14 \times 3 + 18 =$
31. $10 - \frac{22}{5} \times \frac{3}{8} + \frac{17}{10} =$
32. $\frac{14}{5} \div \frac{4}{3} \times \frac{2}{7} - \frac{11}{15} =$
33. $12.6 - 22.48 \div 8 \times 0.2 - 1.4 =$
34. $8.04 \div 0.4 + 5.1 \times 1.6 - 1.1 =$
35. $\frac{24}{11} \div \frac{6}{5} \times 9 - \frac{17}{4} =$
36. $115 \div \frac{5}{7} - 6\frac{5}{8} \times 4 =$
37. $2.5 \times 44 \div 0.04 - 13.8 =$
38. $1.9 + 30 \div 1.5 \times 24 - 21.6 =$
39. $\frac{7}{12} \times \frac{32}{5} - 5\frac{1}{6} \div \frac{2}{3} =$
40. $\frac{1}{8} \times 120 \div \frac{5}{6} + \frac{23}{4} =$

## §5.3　混合四則運算（二）：括號的運用

　　在上一節裡，我們講解了如何做加、減、乘、除的混合四則運算，唯一的規定就是乘、除部分先做（自左而右），然後再整體自左而右運算。但是，有些時候在不違背乘、除先做的原則之下，我們希望在做乘、除之前能先做部分的加、

## §5.3 混合四則運算（二）：括號的運用

減或其他運算，這個時候我們就**用一個括號把想要先做的部分括起來，以示區別**。因此，在同一道題目裡可能會出現括號裡面又有括號的情形，此時我們就必須從最裡面的括號開始，一步一步陸續地往外做便行了。但是，注意到在同一括號裡面還是要按照乘、除先做，然後再整體自左而右運算的大原則來進行。底下我們舉例說明之。

**例題 5.3.1**

試計算 $12 \div (4-1) = ?$

在這一道例題中有一個括號，所以根據規定，我們必須先做括號內的運算，即 $4-1=3$。因此本題的答案就是 $12 \div (4-1) = 12 \div 3 = 4$。但是，若我們忽略了括號的作用，而直接先做除法，再做減法，所得的結果會變成 $12 \div 4 - 1 = 3 - 1 = 2$，這是不對的。所以當題目中出現括號時，千萬要記得必須先做括號內的運算。

**例題 5.3.2**

試計算 $100 - 2 \times (21 - 4 \times (5-3)) = ?$

在這一道例題中有一個括號在另一個括號裡面，所以我們必須先從最裡面的括號做起，再一步一步往外做。當括號都做完之後，最後再依乘、除先做，然後自左而右做的原則來處理。因此，正確的運算如下

所示：

$$100 - 2 \times (21 - 4 \times (5 - 3)) = 100 - 2 \times (21 - 4 \times 2)$$
$$= 100 - 2 \times (21 - 8)$$
$$= 100 - 2 \times 13$$
$$= 100 - 26$$
$$= 74 \text{。}$$

同樣地，若我們忽略了括號的作用，只按乘、除先做，然後自左而右做的原則來處理這個題目，便可能出現如下的錯誤：

$$100 - 2 \times 21 - 4 \times 5 - 3 = 100 - 42 - 20 - 3 = 35 \text{。}$$

**例題 5.3.3**

試計算 $(1.28 \div 0.4 - 1.7) \times (6 + 1.2) = ?$

　　經過兩題的練習與說明，大致上我們已經瞭解括號在混合四則運算所扮演的角色。所以我們直接做運算得

$$(1.28 \div 0.4 - 1.7) \times (6 + 1.2) = (3.2 - 1.7) \times 7.2$$
$$= 1.5 \times 7.2$$
$$= 10.8 \text{。}$$

## §5.3 混合四則運算（二）：括號的運用

**例題 5.3.4**

試計算 $(3\frac{5}{6} - \frac{7}{8} \div \frac{3}{4} \times 2) \times \frac{1}{4} = ?$

我們只要注意如何做分數的加、減、乘、除，再記得括號內的運算必須先做，就可以得到

$$\left(3\frac{5}{6} - \frac{7}{8} \div \frac{3}{4} \times 2\right) \times \frac{1}{4} = \left(3\frac{5}{6} - \frac{7}{8} \times \frac{4}{3} \times 2\right) \times \frac{1}{4}$$
$$= \left(\frac{23}{6} - \frac{14}{6}\right) \times \frac{1}{4}$$
$$= \frac{9}{6} \times \frac{1}{4}$$
$$= \frac{3}{8} \text{。}$$

## 練習 5.3

試計算下列各式。

1. $45 - (-(18 - 7)) =$
2. $38 - (65 - (34 - 19)) =$
3. $67 + 10 - (87 - 35) =$
4. $22 - (49 - (9 + 29)) =$
5. $87 - (56 - (35 + 11 - 8)) =$
6. $42 + 29 - (55 - (49 - 3)) =$
7. $31 - (67 - 45) - (12 - 7) =$
8. $912 - (424 - (321 - 109)) =$

9. $102 - (99 - (78 - 54)) =$

10. $117 - (123 - (18 - 2 + 34)) =$

11. $119 \times (11 - 8) \div 7 - 4 =$

12. $(23 - 14) \times 64 - 16 \div 2 =$

13. $21 + 24 \div (4 + 2) - 18 =$

14. $36 \div (8 - 4) \times 10 - 34 =$

15. $(25 - 18 \div (2 + 7) \times 3) \times 5 =$

16. $8 \times (12 \div (23 - 19)) \times 6 =$

17. $9 \times (66 - 120 \div (10 + 2)) =$

18. $301 - 124 \div (15 - 11) \times 16 =$

19. $(16 \times 4 - 40) \div 8 \times 34 =$

20. $12 \times (3 \times 5 - (23 - 17)) + 4 =$

21. $28 - (1.11 + 0.39) \times 5 \div 0.2 =$

22. $(4.1 - 1.7) \div (2.6 \times 10 - 14) =$

23. $(31.2 - 15 \times 0.68) \times 2.3 - 4 =$

24. $3.14 \times (11 - 9.8 + 1.5) \div 0.1 =$

25. $(2.04 \div 0.2 - 8) \times 3 - 1.5 =$

26. $(1.19 + 60.6 \div 6) \times 1.1 + 8 =$

27. $21.9 \div (40 \div 8 - 2) \times 2.4 =$

28. $24.5 - 1.3 \times (36 \div (7 - 3)) =$

29. $45 + (16.4 \div 0.04 - 180) \div 2 =$

30. $(1 \div 0.08 + 10.2) \times 7 \div 0.1 =$
31. $\frac{4}{5} \div (\frac{1}{6} + \frac{3}{4}) - \frac{7}{10} =$
32. $(12 - \frac{16}{3}) \times 3\frac{1}{4} + \frac{19}{6} =$
33. $(\frac{2}{9} \div \frac{7}{3} + 4) \times \frac{1}{5} =$
34. $\frac{15}{4} \div (3 - \frac{1}{2} \times \frac{4}{5}) =$
35. $((\frac{1}{2} - \frac{1}{6}) \times 10 - 1) \div \frac{11}{20} =$
36. $(4\frac{1}{2} + \frac{6}{5} \times \frac{4}{3} \div \frac{3}{4}) \times 2 =$
37. $1\frac{2}{3} \times (\frac{17}{4} - \frac{3}{8} \div \frac{1}{5}) =$
38. $\frac{7}{10} \times \frac{4}{3} \div (\frac{9}{2} - 3 \times \frac{1}{6}) =$
39. $23 - \frac{6}{11} \times (4 - \frac{1}{3} \div \frac{4}{5}) =$
40. $(9\frac{1}{2} - \frac{23}{5}) \div \frac{2}{3} \times 14 =$

## §5.4 不等式

在這一節中，我們將介紹幾個有關不等式的簡單性質。這些性質在後面的章節裡可能會用到。首先，我們再對任意二個數的大小關係作一明確的定義。

**定義 5.4.1**

假設 $A$、$B$ 為任意二個數。如果 $A - B > 0$，我們就說 $A$ 大於 $B$，以數學符號表示即為 $A > B$。

由於任意一個數 $M$ 和 0 的關係，只可能出現下面三種情形中之一種：$M > 0$、$M = 0$ 或 $M < 0$。所以很容易地我們便可以得到下面的定理。

> **定理 5.4.2**
>
> 假設 $A$、$B$ 為任意二個數，則 $A$ 和 $B$ 的關係只會出現下面三種情形中之一種，即 $A > B$、$A = B$ 或 $A < B$。

**證明：** 這個定理很容易說明。因為 $A - B$ 只可能是大於 0、等於 0 或小於 0 三種情形中之一種。當 $A - B > 0$，則根據定義 5.4.1 我們得到 $A > B$；若 $A - B = 0$，則馬上得到 $A = B$；若 $A - B < 0$，則 $B - A > 0$，亦即 $A < B$。這解釋了任意二個數只會出現這三種大小關係其中之一種。證明完畢。□

根據定理 5.4.2 我們便可以得到底下的結果。

> **定理 5.4.3**
>
> 假設 $A$、$B$ 為任意二個數且 $A > B$。若 $C > 0$ 為一正數，則 $AC > BC$。

**證明：** 首先，記得符號 $AC$ 代表 $A \times C$。由於 $A > B$，所以 $A - B > 0$。另外，我們也知道二個正數相乘所得的積數還是一個正數，因此由 $C > 0$，馬上可以得到 $(A - B)C >$

## §5.4 不等式

$0$,也就是說,$AC - BC > 0$。根據定義 5.4.1,這說明了 $AC > BC$。證明完畢。 □

> **例題 5.4.4**
>
> 因為 $12 > -30$,而且 $4 > 0$,所以由定理 5.4.3 可得 $12 \times 4 = 48 > -120 = (-30) \times 4$。

在定理 5.4.3 的敘述中,$C$ 為正數的假設是一個十分關鍵的條件。若 $C = 0$ 或 $C < 0$,則定理 5.4.3 很明顯是錯的。我們看下面例題的說明。

> **例題 5.4.5**
>
> 假設 $A = 8$、$B = 5$,則 $A = 8 > 5 = B$。此時如果 $C = 0$,我們會有 $AC = 8 \times 0 = 0 = 5 \times 0 = BC$;如果 $C = -2$,我們則會得到 $AC = 8 \times (-2) = -16 < -10 = 5 \times (-2) = BC$。所以,若 $C = 0$ 或 $C < 0$,一般而言,我們是無法得到 $AC > BC$。

底下的定理則對於判斷二個正數的大小關係有相當大的助益。

> **定理 5.4.6**
>
> 假設 $A$、$B$ 為任意二個正數。則 $A > B$ 若且唯若 $A \times A = A^2 > B^2 = B \times B$。

這個定理說明了二個正數之間的大小關係和這二個正數平方後的大小關係是一致的。

**證明：** 首先，若 $A > B > 0$，利用定理 5.4.3 二次馬上可以得到

$$A^2 = A \times A > B \times A > B \times B = B^2。$$

反過來說，若已知 $A$、$B$ 均為正數且 $A^2 > B^2$，則 $A > B$。因為若 $A < B$，則由本定理前半的證明便可得 $A^2 < B^2$。但是，很明顯地，這是違反假設 $A^2 > B^2$，所以不可能發生。同樣的道理，$A = B$ 也不可能發生。因為若 $A = B$，則 $A^2 = B^2$ 也是違反假設 $A^2 > B^2$。因此，$A > B$ 一定要成立。證明完畢。 □

注意到在定理 5.4.6 中我們要求 $A$、$B$ 均為正數。若 $A$、$B$ 為一個正數、一個負數或者 $A$、$B$ 均為負數，則定理 5.4.6 可能會不對。底下的例子說明了這些現象。

**例題 5.4.7**

$(-6)^2 = (-6) \times (-6) = 36 > 16 = 4^2 = (-4)^2$。但是，$-6 < 4$，而且 $-6 < -4$。

# 第 6 章
# 幾何圖形、周長與面積

在這一章裡，我們要介紹平面上一些簡單的幾何圖形，並且討論其上的一些基本性質，像如何求其周長與面積的問題等等。對於這些問題的瞭解，將有助於增進與改善我們日常生活的機能。底下我們將逐一作介紹。

## §6.1　直線與角

首先，在平面上我們把一條向兩端無限延伸，沒有彎曲的線稱為**直線**。為了方便起見，我們可以給每一條直線一個名稱，比如說，直線 $L$。而直線上的某一小段，即自一點 $A$ 至另一點 $B$ 所形成的部分，稱作**線段** $AB$，如下圖所示：

圖 6.1.1

平面上的二條直線 $L_1$、$L_2$ 可以重疊在一起,或相交於一點 $P$,當然也可以永遠不相交,此時這二條直線就稱為**平行線**,如下圖所示:

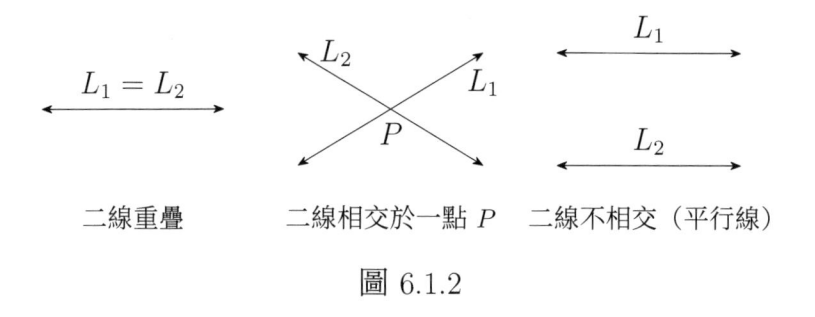

$L_1 = L_2$　　　　二線相交於一點 $P$　　　二線不相交(平行線)

二線重疊　　　　　二線相交於一點 $P$　　　二線不相交(平行線)

圖 6.1.2

若以某一點為起始點,比如說,記為點 $A$,而向某一方向無限延伸,沒有彎曲的線,我們將之稱為**射線**,如下圖:

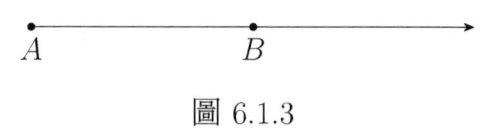

圖 6.1.3

若在射線上另取一點 $B$,則此時我們可以把此射線稱為射線 $AB$。

至於平面上的一個**角**,如下圖所示:

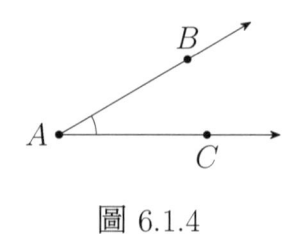

圖 6.1.4

## §6.1　直線與角

就是以某一點為共同起始點的二條射線所形成。共同起始點就稱為角的**頂點**，而這二條射線就稱為角的二個**邊**。若把頂點記為 $A$，然後再從每一邊上分別取一點 $B$ 和 $C$，我們就可以把這個角記為 $\angle BAC$ 或 $\angle CAB$。注意到頂點所對應的字母必須寫在中間。當題意很清楚，不至於混淆時，我們也可以把此角簡稱為 $\angle A$。

接著，我們要給每一個角一個度量。首先，在一條水平直線上取一點 $A$，然後以點 $A$ 為起始點對上半平面做射線，把上半平面分隔成一百八十等份，每一等份我們稱之為一**度**，記為 $1°$。因此，直線所對應的角度就是一百八十度，如下圖：

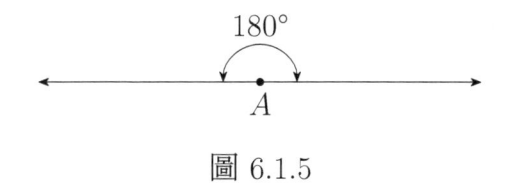

圖 6.1.5

若以點 $A$ 為參考點，繞一圈所對應的角度就是三百六十度。現在，我們可以對任意一個角定義一個角度。第一步，先把角的頂點和直線上的參考點 $A$ 重疊，然後再把角的一邊和直線的右邊重疊，並讓角的另一邊指向上半平面。此時，指向上半平面的那一邊就會指出某一度數，我們就把此度數定為該角的度數。一般而言，一個角所對應的角度是取由其二邊分割出來比較小的那一個角度，也就是大於零度，小於一百八十度的那一個角度。但是，有時候為了方便

起見，例如稍後我們在討論凹多邊形或扇形的時候，我們也接受一個角的角度大於一百八十度的情形，如下圖：

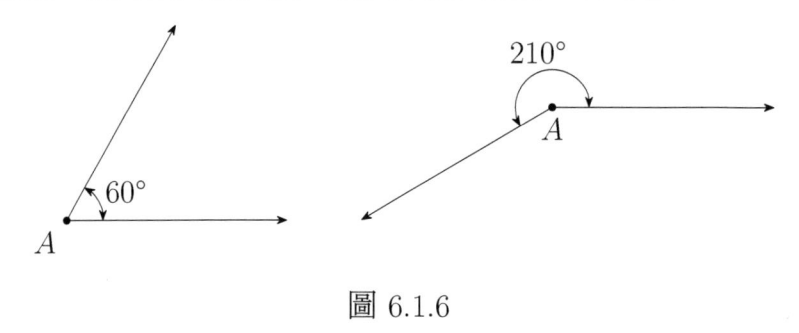

圖 6.1.6

當一個角的角度等於九十度時，我們就說這個角為**直角**，這二個邊互相**垂直**。

現在，我們再回到二條平行線 $L_1$、$L_2$ 的情形。我們作一條直線 $L_3$ 如下圖：

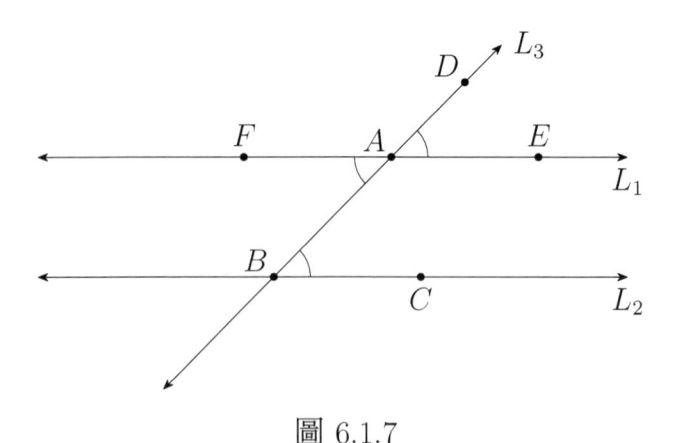

圖 6.1.7

交 $L_1$、$L_2$ 分別於點 $A$、$B$。由於線 $L_1$ 和線 $L_2$ 為平行線，彼此不相交，所以 $\angle ABC$ 會全等於 $\angle DAE$，這二個角我

們稱為**同位角**。另外，$\angle DAE$ 和 $\angle BAF$ 是由二條直線 $L_1$ 和 $L_3$ 相交所形成的**對頂角**，它們的角度都是等於一百八十度減去 $\angle DAF$ 的度數，所以也會全等。因此，這三個角 $\angle ABC$、$\angle DAE$ 和 $\angle BAF$ 是彼此互相全等的。其中，我們把 $\angle ABC$ 和 $\angle BAF$ 稱為**內錯角**。這也說明了自二條平行線所截出的內錯角是互相全等的。

若 $L_3$ 垂直 $L_1$，則 $\angle DAE = 90°$。因此，$\angle ABC = 90°$。這表示一條直線若垂直二條平行線其中的一條直線，那麼它也會垂直這二條平行線中另外的一條直線。

至於二條平行線之間的距離，就是自其中一條線上的任意一點出發，到另一條線所走的最短距離。這個距離也就是沿著一條垂直 $L_1$ 和 $L_2$ 的垂直線走到另一條線的距離，而且是和出發點的位置無關。

## §6.2 多邊形

**多邊形**是平面上的一種幾何圖形，它是由三條或三條以上的線段頭尾相互連接所形成的圖形。因此，它的邊界是由多條線段所形成的一條封閉的**折線**，亦即，起始點和終點重疊的折線，而且中間是沒有任何交叉點。每一條線段就是這個多邊形的一個**邊**。相鄰兩邊的交點就稱為這個多邊形的一個**頂點**。同時，相鄰的兩邊會朝內部形成一個角，稱為**內角**。因此，一個多邊形的邊數、頂點數及其內角的個數都

是一樣的。另外，若一個多邊形內部任意兩點所連結的線段也落在此多邊形的內部時，我們則稱此多邊形為一個**凸多邊形**。因此，一個凸多邊形的內角是小於 180° 的。但是注意到，一般而言，一個多邊形的內角是有可能大過 180°。比如說，**凹多邊形**（即非凸多邊形）的某些內角就會大過 180°。底下是幾個典型的多邊形圖形。

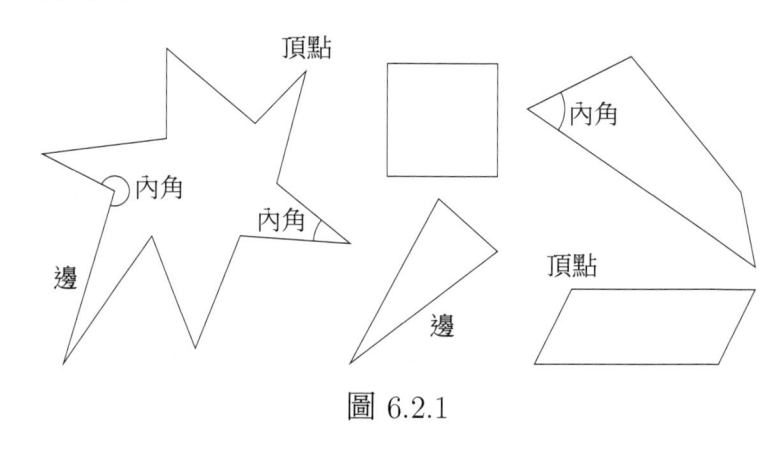

圖 6.2.1

在這一節裡，我們要討論幾種常見的多邊形，並計算它們的周長與面積。首先，我們要釐清「長度」是什麼樣的一種概念。長度在我們日常生活中，指的是距離觀念。它告訴我們自起始點沿著一條路徑走到終點，我們到底走了多遠。也就是告訴我們在這二點之間此路徑的長短，距離的遠近，以便我們可以做比較。因此，在測量長度時，我們必須選定一個參考的距離，將它作為度量的依據。這個參考距離我們就把它定為一個單位，給它一個名稱。當一個物體的長度為此參考距離的一百倍時，我們就說此物體的長度為一百單位，

## §6.2 多邊形

反之亦然。同時，為了計算大距離方便起見，我們也需要一套合適的進位方式，這樣一個度量系統就形成了。例如，在十進位的公制中，我們有公里、公尺、公寸和公分等等，其中 1 公里 = 1000 公尺，1 公尺 = 10 公寸，1 公寸 = 10 公分。所以，1 公尺 = 100 公分。這裡我們假設讀者對公制的度量系統已經有一定的熟悉度，是以不再多所撰述。在底下的章節裡，我們將使用公制作為度量長度的系統。

至於面積，它的概念和長度是類似的。只是現在面積是給出平面大小的一種概念。同樣地，在一個面積的度量系統裡，仍然需要一個參考單位和一套合適的進位方式。我們也採用公制作為度量面積的系統。因此，在十進位的公制中，我們會有平方公里、平方公尺、平方公寸和平方公分等等，其中 1 平方公尺 = 100 平方公寸 = 10000 平方公分。現在我們開始逐一介紹幾種常見的多邊形，並計算其上的周長與面積。

### 6.2.1 正方形與長方形

一個四邊形若其兩對對邊彼此互相平行，且四個內角都是九十度，我們就說它是一個**長方形**。所以，在任何一個長方形裡，任何一邊與它的鄰邊都是互相垂直的，也因此，任何一邊與其對邊的長度都是相等的。但是任何一邊與其鄰邊的長度則不一定相等。較長一邊的長度，通常簡稱為**長**，較短一邊的長度，則簡稱為**寬**。若在一個長方形裡，長等於

寬，我們就將之稱為一個**正方形**。所以，在任何一個正方形裡其四邊的長度都是相等的。注意到一個正方形也是一個長方形，但一個長方形卻不一定是一個正方形。在下圖中，左邊是一個正方形其邊長為 $a$，右邊則為一個長方形其邊長分別為長 $c$ 和寬 $d$。

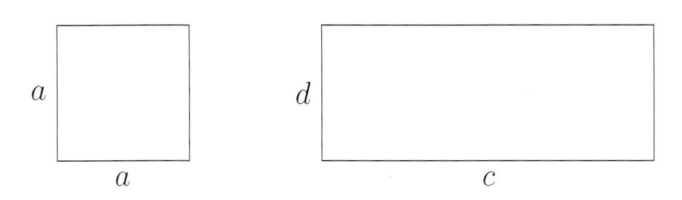

圖 6.2.2

現在我們選定一個度量長度的參考單位，比如說，公分或公尺。所以，若一個正方形的邊長為 $a$ 單位，則其周長就是 $4a = 4 \times a$ 單位。至於面積，我們通常選定以一個參考單位為邊長的正方形面積，作為度量面積的參考單位，稱之為一**平方單位**。因此，一個正方形的邊長若為 6 單位，我們便可以把此正方形分割成 $6 \times 6 = 36$ 個邊長為一單位的小正方形。是以，這個正方形的面積就等於 36 平方單位。由此，我們便可以得到下面計算正方形周長與面積的公式：

$$\text{正方形周長} = \text{邊長的四倍}, \qquad (6.2.1)$$

$$\text{正方形面積} = \text{邊長} \times \text{邊長} = \text{邊長的平方}。 \qquad (6.2.2)$$

至於長方形周長與面積的求法，則與正方形類似。若一個長方形的邊長分別為長 $c$ 單位和寬 $d$ 單位，很明顯地，它

## §6.2 多邊形

的周長即為 $2 \times (c+d)$ 單位。同時，我們也可以把此長方形分割成 $cd = c \times d$ 個邊長為一單位的小正方形。因此，這個長方形的面積就等於 $cd$ 平方單位。我們也就得到下面計算長方形周長與面積的公式：

$$長方形周長 = 2 \times (長 + 寬)， \qquad (6.2.3)$$

$$長方形面積 = 長 \times 寬。 \qquad (6.2.4)$$

**例題 6.2.1**

一個長方形的長為 8 公分，寬為 3 公分。試問其周長與面積分別為多少？

根據公式 (6.2.3) 與 (6.2.4)，周長 $= 2 \times (8+3) = 22$ 公分，面積 $= 8 \times 3 = 24$ 平方公分。

### 6.2.2 平行四邊形

一個四邊形若其兩對對邊彼此互相平行，我們就說它是一個**平行四邊形**。這個時候任意一邊和其對邊的長度還是相等的。所以，若某一邊和其鄰邊的長度分別為 $a$ 單位和 $b$ 單位，則其周長為 $2 \times (a+b)$ 單位，亦即，

$$平行四邊形周長 = 2 \times (一邊的長 + 鄰邊的長)。 \qquad (6.2.5)$$

至於面積，我們則需要知道一邊的長和這一邊到對邊的距離，亦即所謂的**高**。假設有一個平行四邊形 $ABCD$，如下圖：

圖 6.2.3

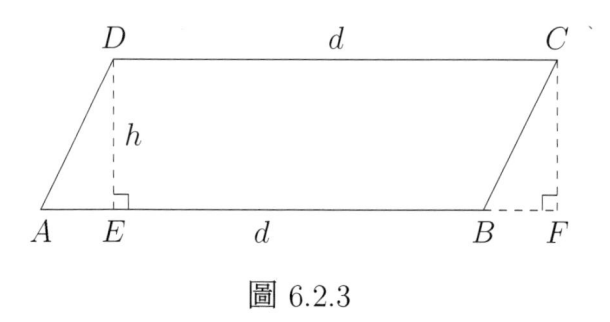

我們知道其中邊 $AB$ 的長等於邊 $CD$ 的長等於 $d$，我們也知道這一邊上的高為 $h$。現在，我們自點 $C$、$D$ 分別作垂線交對邊線 $AB$ 於點 $F$ 和 $E$。不難看出，平行四邊形 $ABCD$ 的面積和長方形 $CDEF$ 的面積是一樣的。所以，它的面積等於 $dh$。這就給出了一般平行四邊形面積的公式：

平行四邊形面積 = 一邊的長 × 這一邊上的高。　　(6.2.6)

這裡必須要注意的是，如果在一個平行四邊形裡，我們只知道某一邊的長和這一邊上的高，則面積即可由公式 (6.2.6) 算出。但是，此時的條件是沒有辦法讓我們算得周長的。

例題 6.2.2

若一個平行四邊形裡一邊的長為 12 公分，且這一邊上的高為 7 公分，試問其面積為多少平方公分？

由公式 (6.2.6) 知道，面積等於 $12 \times 7 = 84$ 平方公分。

## 6.2.3 三角形

在這一小節裡,我們要討論三角形的情形。**三角形**就是一個由三個邊所形成的多邊形,因此,它有三個頂點和三個內角。這三個內角的度數總和永遠都等於一百八十度,這是三角形一個很基本、且非常重要的性質。我們把它敘述如下:

> **性質 6.2.3**:在任意一個三角形中,其三個內角的度數總和永遠都等於一百八十度。

對於這個性質,我們說明如下。首先,我們把任意一個三角形記為 $\triangle ABC$,如下圖:

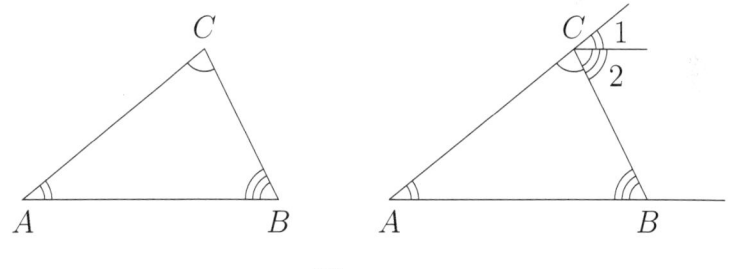

圖 6.2.4

接著延長直線 $AC$,並自頂點 $C$ 作一條直線平行邊 $AB$ 如圖所示。這個時候我們發現 $\angle 1$ 和 $\angle A$ 為同位角,所以全等。$\angle 2$ 和 $\angle B$ 則互為內錯角,所以也全等。因此,三個內角的度數總和就與 $\angle 1 + \angle 2 + \angle C$ 的度數總和相等,亦即一條直線所對應的角度,也就是一百八十度。這就說明了性質

6.2.3。

在此,我們順便提幾個比較特殊的三角形。第一類就是所謂的**正三角形**,它的三個邊都一樣長,由於對稱的關係,三個內角都等於 $180 \div 3 = 60$ 度。另外一類即為**等腰三角形**,它表示在三角形裡有二個邊的長度是相等的,我們把這二個長度相等的邊稱為此等腰三角形的**腰**。所以,正三角形是等腰三角形的一個特例。還有就是**直角**三角形,它表示在三角形裡有一個角是直角,即九十度。對應到直角的邊稱為此直角三角形的**斜邊**,另外二個邊則分別稱之為**底邊**和**鄰邊**。在下圖中:

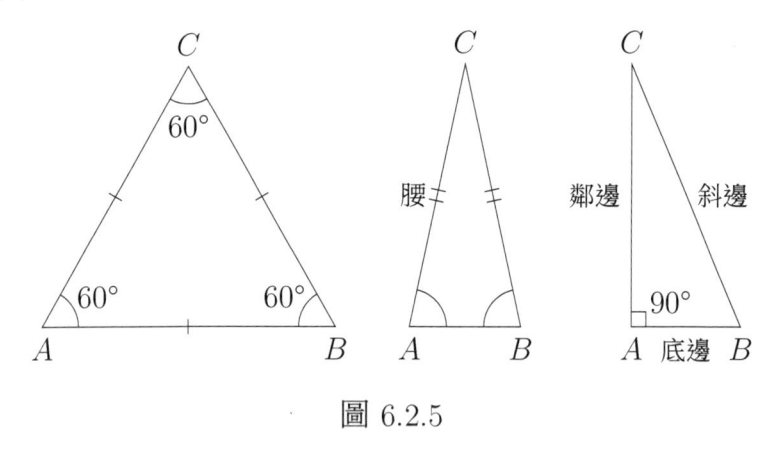

圖 6.2.5

左邊是一個正三角形,中間的是一個等腰三角形,右邊則為一個直角三角形。在此直角三角形中,邊 $BC$ 為斜邊,邊 $AB$ 為底邊,邊 $AC$ 為鄰邊。

現在,我們來看看如何求三角形的面積。假設有一個三角形記為 $\triangle ABC$,如下圖:

## §6.2 多邊形

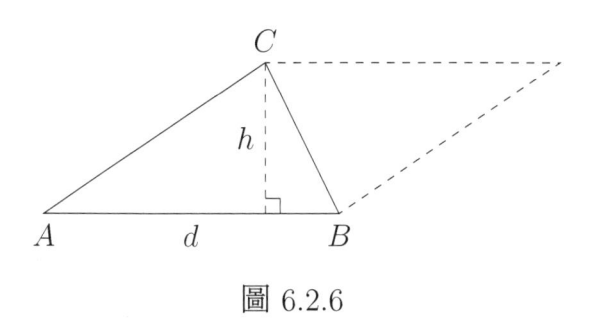

圖 6.2.6

其底邊 $AB$ 的長度為 $d$，邊 $AB$ 上的高為 $h$，即頂點 $C$ 到邊 $AB$ 的距離。這時候我們可以複製一個 $\triangle ABC$，然後把複製所得的三角形中的頂點 $C$、頂點 $B$ 和原來三角形中的頂點 $B$、頂點 $C$ 分別重疊。這樣就得到一個平行四邊形，它的一邊就是原來三角形的底邊 $AB$，而這一邊上的高就是原來三角形中邊 $AB$ 上的高為 $h$。不難看出這個平行四邊形的面積是原來三角形面積的二倍。因為平行四邊形的面積，根據前面的討論，等於 $dh$，由此我們便得到下面三角形面積的公式：

$$\text{三角形面積} = \frac{1}{2} \times \text{底邊長} \times \text{底邊上的高}。 \quad (6.2.7)$$

**例題 6.2.4**

若一個三角形的底邊長為 10 公分，其上的高為 7 公分。試問此三角形的面積為多少平方公分？

直接由公式 (6.2.7) 得到面積為 $10 \times 7 \div 2 = 35$ 平方公分。

所以，在一個三角形裡若知道一邊的長和其上的高，我們就能夠計算出其面積。但要特別注意的是，此時我們是無法知道它的周長為多少。因為如下圖所示：

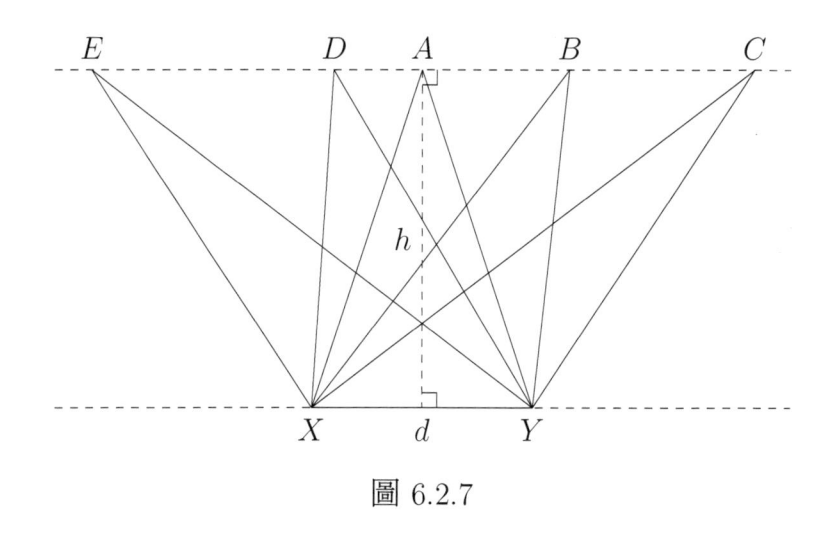

圖 6.2.7

這些三角形都有同樣大小的底邊和同樣大小的高，所以它們的面積都相等。但是，當上面的頂點往左右兩邊移去的時候，它的周長就會愈來愈大，而且要多大就能多大。所以，在一個三角形裡一邊的長和其上的高是不足以讓我們知道其周長的。不過我們倒可以問這樣的問題，它有點難度，但卻是數學上我們常問的一個很典型的問題。

**問題 6.2.5.** 在全部有同樣大小的底邊，其上的高也都相等的三角形裡，是否可以從其中找到一個三角形使得它的周長為最小？

§6.2 多邊形

最後,我們利用三角形的三個內角和為一百八十度的性質,可以很容易得到任意四邊形的四個內角和為三百六十度。因為我們只要把四邊形 $ABCD$ 中的對角線 $BD$ 連接起來,原來的四邊形就可由二個三角形拼湊起來。所以,它的四個內角和應該等於這二個三角形的所有內角和,即三百六十度。下圖即說明了此一事實。

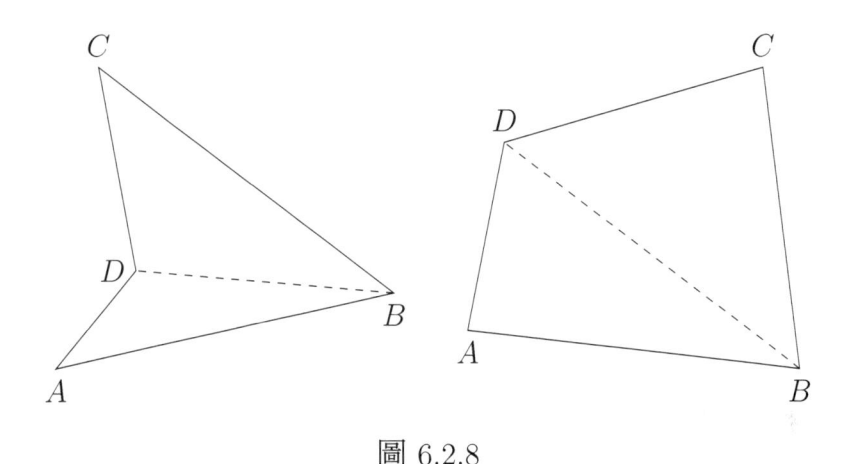

圖 6.2.8

## 6.2.4 梯形

一個四邊形裡若有一對對邊互相平行,我們就把它稱為**梯形**。所以,平行四邊形是梯形的一個特例。我們通常把這一對互相平行的對邊稱為**上底**和**下底**,而把這二邊之間的距離稱為**高**。如果我們知道上底長 $b$ 及下底長 $a$,又知道其高 $h$,則梯形的面積就可以如下圖計算出來。

圖 6.2.9

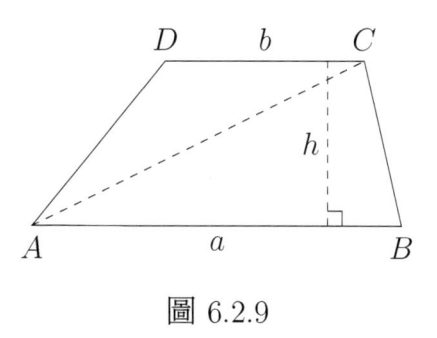

首先，把這個梯形記為 □ABCD。接著作一條對角線 AC，把梯形分割成二個三角形 ABC 和 CDA。因此，梯形 ABCD 的面積就等於三角形 ABC 的面積加上三角形 CDA 的面積，亦即，$\frac{1}{2}ah + \frac{1}{2}bh = \frac{1}{2}(a+b)h$。所以就得到梯形面積的公式如下：

$$\text{梯形面積} = \frac{1}{2} \times (\text{上底長} + \text{下底長}) \times \text{高}。 \qquad (6.2.8)$$

我們也可以用另外一種方式來得到公式 (6.2.8)。我們先複製一個梯形，如下圖：

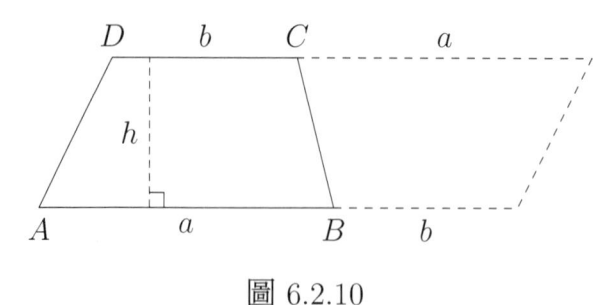

圖 6.2.10

然後把複製所得的梯形中的頂點 C、頂點 B 和原來梯形中的頂點 B、頂點 C 分別重疊。這樣就得到一個平行四邊

## §6.2 多邊形

形,它的一邊長等於原來梯形的上底長加下底長,此邊上的高就是原來梯形的高,並且它的面積是原來梯形面積的兩倍。接著利用平行四邊形的面積算法,這樣也可以得到公式 (6.2.8)。但是要特別注意的是,在此情況之下,也就是只知道上底長、下底長和高,我們還是沒辦法算得梯形的周長。

**例題 6.2.6**

假設有一個梯形,它的上底長為 8 公分、下底長為 15 公分、高為 4 公分。試問其面積為多少平方公分?

直接由公式 (6.2.8) 得到梯形面積 $= (8+15) \times 4 \div 2 = 46$ 平方公分。

## 練習 6.2

1. 試問一個五邊形的所有內角總和為幾度?一個八邊形的所有內角總和為幾度?若 $k$ 為一個大於或等於 3 的正整數,則任意一個 $k$ 邊形的所有內角總和為幾度?
2. 計算下圖梯形的面積。(單位:公分)

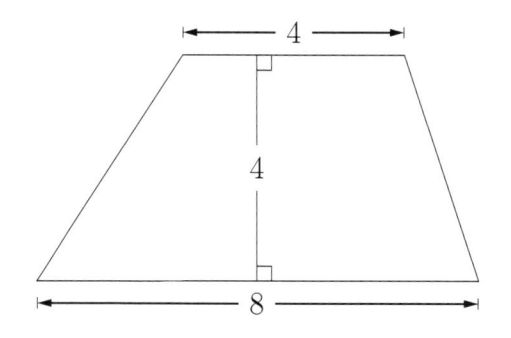

3. 假設 □ABCD 為一正方形，□AGDE 為一平行四邊形。計算下圖灰底部分的面積。（單位：公分）

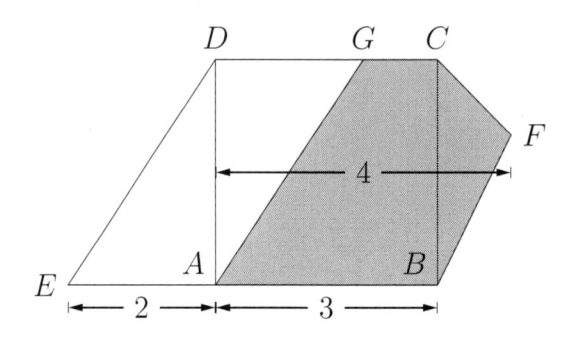

4. 計算下圖灰底部分的周長與面積。（單位：公尺）

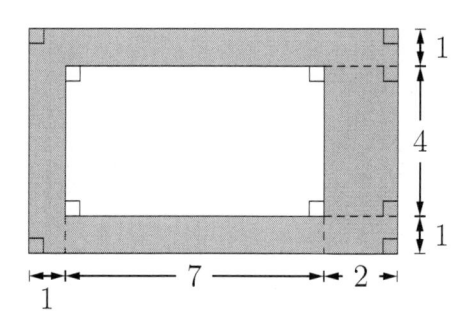

## §6.3　畢氏定理與根號

在這一節裡，我們要介紹一個關於直角三角形很重要的性質，就是所謂的**畢氏定理**，又稱為**畢達哥拉斯定理**或**勾股定理**。這個定理說明了在任何一個直角三角形裡，斜邊長的平方永遠等於另外二邊長的平方和。我們把它敘述如下：

## §6.3 畢氏定理與根號

**定理 6.3.1：畢氏定理**

假設三角形 $ABC$ 為一直角三角形，如下圖：

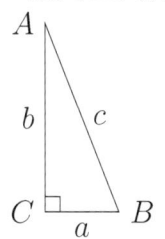

圖 6.3.1

其中角 $C$ 為直角。若底邊 $BC$ 的長度為 $a$，鄰邊 $AC$ 的長度為 $b$，斜邊 $AB$ 的長度為 $c$，則我們有下列的等式

$$c^2 = a^2 + b^2 \text{。} \qquad (6.3.1)$$

**證明：** 這個等式很容易就可以由下面兩個邊長為 $a+b$ 的正方形圖形來說明。

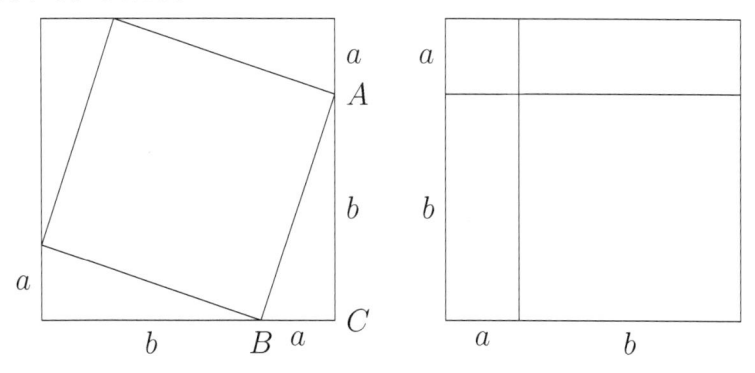

圖 6.3.2

左邊這個圖形是由四個完全相等的直角三角形 $ABC$ 和一個在中間邊長為 $c$ 的正方形所形成，因此它的面積為

$$c^2 + 4 \times \left(\frac{1}{2}ab\right) = c^2 + 2ab。 \qquad (6.3.2)$$

而右邊這個圖形是由二個邊長分別為 $a$、$b$ 的正方形和二個完全相等而邊長為 $a$、$b$ 的長方形所形成，因此它的面積為

$$a^2 + b^2 + 2ab。 \qquad (6.3.3)$$

由於 (6.3.2) 和 (6.3.3) 是相等的，所以

$$c^2 + 2ab = a^2 + b^2 + 2ab。$$

當兩邊分別消去 $2ab$ 之後，我們即得

$$c^2 = a^2 + b^2。$$

證明完畢。 □

等式 (6.3.1) 就是很有名的畢氏定理。如果三個正整數 $a$、$b$ 和 $c$ 滿足 (6.3.1) 式，我們就把它們稱為一組**畢氏數**。比如說，3、4、5 和 5、12、13 都是畢氏數。底下我們將利用畢氏定理來介紹另一種運算：**根號**。

在第 1 章裡，我們講解了乘法的運算。特別地，一個正整數可以乘上自己，亦即這個正整數的平方，例如說，4 的平方 $4^2 = 4 \times 4 = 16$。現在，我們要談的正好是這個運算的

## §6.3 畢氏定理與根號

反運算，也就是說，我們要把平方這個運算還原。所以，當 $M$ 為一個正整數時，我們想找一個正數 $X$，它可能不是一個正整數，使得 $X$ 的平方正好等於 $M$。亦即，給一個正整數 $M$，我們要找一個正數 $X$ 使得

$$X^2 = M。 \qquad (6.3.4)$$

這個時候我們就把 $X$ 稱為 $M$ 的**平方根**，記為 $X = \sqrt{M}$。

對於這樣的一個問題，我們該如何去找答案呢？底下我們即將利用畢氏定理來對這個問題給出一個答案。首先，因為 $1 \times 1 = 1$，所以 $\sqrt{1} = 1$。接下來，如何找一個正數 $X$ 使得 $X^2 = 2$？我們的辦法就是作一個等腰直角三角形，使得它的二個腰（邊）的長均為 $1$。接著，利用畢氏定理便得到

$$\text{斜邊長的平方} = 1^2 + 1^2 = 2。$$

因此，這個等腰直角三角形斜邊的長度就是 $\sqrt{2}$。這說明了 $\sqrt{2}$ 是存在的，並且滿足 $(\sqrt{2})^2 = 2$。以此方法類推，我們就可以把所有正整數的平方根找出來。現在我們以 $1$ 和 $\sqrt{2}$ 作為直角三角形的二個邊長（如圖 6.3.3 所示），此時再利用畢氏定理便得到

$$\text{斜邊長的平方} = 1^2 + (\sqrt{2})^2 = 1 + 2 = 3。$$

因此，這個直角三角形斜邊的長度就是 $\sqrt{3}$。若我們再以 $1$ 和 $\sqrt{3}$ 作為直角三角形的二個邊長，便會得到其斜邊長為

$\sqrt{4} = 2$。繼續這樣做下去的話,就可以把全部正整數的平方根找到。所以,$\sqrt{1} = 1$、$\sqrt{2}$、$\sqrt{3}$、$\sqrt{4} = 2$、$\sqrt{5}$、$\sqrt{6}$、$\sqrt{7}$、$\sqrt{8}$、$\sqrt{9} = 3$、$\sqrt{10}$、$\cdots$ 等等都存在,我們也都明瞭它們所代表的意義。

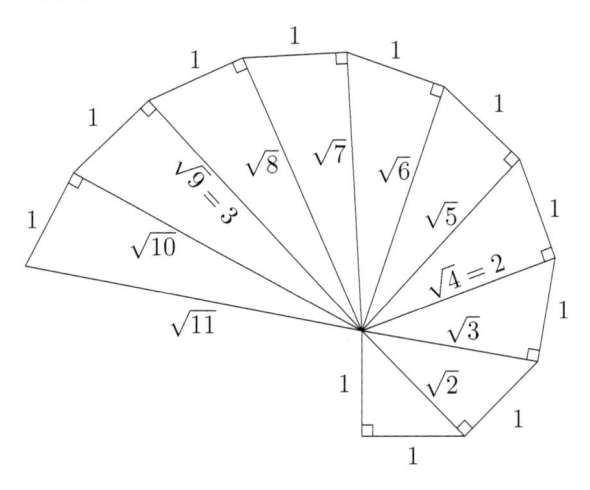

圖 6.3.3

接著我們來估算一下前面幾個正整數平方根的值。

### 例題 6.3.2

試驗證 $1.414 < \sqrt{2} < 1.415$。

我們利用定理 5.4.6 來驗證這三個正數的大小。首先,我們計算這些正數的平方得:$1.414^2 = 1.414 \times 1.414 = 1.999396$,$(\sqrt{2})^2 = 2$,$1.415^2 = 1.415 \times 1.415 = 2.002225$。因此,$1.414^2 < (\sqrt{2})^2 < 1.415^2$。所以由定理 5.4.6 得知,$1.414 < \sqrt{2} < 1.415$。

## §6.3 畢氏定理與根號

例題 6.3.2 的計算告訴我們 $\sqrt{2}$ 的值是落在 1.414 和 1.415 之間。底下的例題則顯示 $\sqrt{3}$ 的值是落在 1.732 和 1.733 之間。

**例題 6.3.3**

試驗證 $1.732 < \sqrt{3} < 1.733$。

和例題 6.3.2 一樣，我們先計算這些正數的平方得：$1.732^2 = 1.732 \times 1.732 = 2.999824$，$(\sqrt{3})^2 = 3$，$1.733^2 = 1.733 \times 1.733 = 3.003289$。因此，$1.732^2 < (\sqrt{3})^2 < 1.733^2$。所以由定理 5.4.6 得知，$1.732 < \sqrt{3} < 1.733$。

在學了根號的運算之後，我們發現正整數的平方根有時候還是相當簡單的，像 $\sqrt{4} = 2$ 或 $\sqrt{9} = 3$。所以，我們希望能對某些正整數的平方根予以簡化。一個很簡單的概念就是，若一個正整數 $M$ 剛好等於另外一個正整數 $N$ 的平方，則正整數 $M$ 的平方根便是正整數 $N$。知道這個要領之後，我們在做根號的運算時，便可試著把一個正整數 $M$ 寫成另外一個正整數 $N$ 的平方再乘上某個正整數 $L$，亦即 $M = N^2 L$。如此即可簡化 $M$ 的平方根 $\sqrt{M} = N\sqrt{L}$，驗證如下：

$$(N\sqrt{L})^2 = N\sqrt{L} \times N\sqrt{L} = N^2 \times (\sqrt{L})^2 = N^2 L = M。$$

現在我們看底下例題的說明。

### 例題 6.3.4

計算 625 的平方根。

因為 $625 = 25 \times 25$，所以 625 的平方根 $\sqrt{625} = 25$。

### 例題 6.3.5

計算 27 的平方根。

因為 $27 = 9 \times 3 = 3^2 \times 3$，所以 27 的平方根 $\sqrt{27} = 3\sqrt{3}$。在這裡符號 $3\sqrt{3}$ 代表 $3 \times \sqrt{3}$。這與帶分數 $3\frac{1}{4} = 3 + \frac{1}{4} = \frac{13}{4}$，而不是 $3 \times \frac{1}{4} = \frac{3}{4}$，在符號上所代表的意義是有明顯的不同。驗證如下：$(3\sqrt{3})^2 = 3\sqrt{3} \times 3\sqrt{3} = 3^2 \times (\sqrt{3})^2 = 9 \times 3 = 27$。

### 例題 6.3.6

計算 120 的平方根。

因為 $120 = 4 \times 30 = 2^2 \times 30$，所以 120 的平方根 $\sqrt{120} = 2\sqrt{30}$。

對於任意一個正數 $M$，我們也定義 $M$ 的平方根 $\sqrt{M} = X$ 為一正數使得 $X^2 = M$。所以正分數的平方根，我們也可以很容易地得到。由於二個分數相乘時，直接由分子乘分子，分母乘分母，因此一個正分數的平方根就等於分子的平

## §6.3 畢氏定理與根號

方根除以分母的平方根，亦即，

$$\text{正分數 } \frac{N}{M} \text{ 的平方根} \sqrt{\frac{N}{M}} = \frac{\sqrt{N}}{\sqrt{M}} \text{。}$$

驗證如下：$\frac{\sqrt{N}}{\sqrt{M}} \times \frac{\sqrt{N}}{\sqrt{M}} = \frac{(\sqrt{N})^2}{(\sqrt{M})^2} = \frac{N}{M}$。下面的例子可以很清楚地說明此點。

**例題 6.3.7**

計算 $\frac{12}{25}$ 的平方根。

因為 $12 = 4 \times 3 = 2^2 \times 3$，$25 = 5^2$，所以 12 的平方根 $\sqrt{12} = 2\sqrt{3}$，25 的平方根 $\sqrt{25} = 5$。因此，$\frac{12}{25}$ 的平方根 $\sqrt{\frac{12}{25}} = \frac{2\sqrt{3}}{5}$。

另外，利用畢氏定理我們也可以計算很多其他幾何圖形的面積。

**例題 6.3.8**

若一個正三角形的邊長為 1 公尺，試問其面積為多少平方公尺？

假設此正三角形為 $\triangle ABC$（如圖 6.3.4 所示），我們首先自頂點 $C$ 作一線垂直對邊 $AB$，假設其交點為 $D$。因此，我們發現在二個直角三角形 $ADC$ 和 $BDC$ 中，斜邊 $AC$ 的長等於斜邊 $BC$ 的長等於正三角形的邊長 1，鄰邊 $CD$ 則為共同邊：

圖 6.3.4

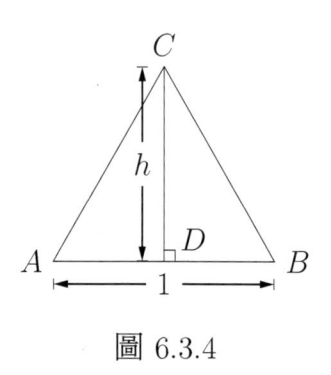

所以，由畢氏定理得

　　底邊 $AD$ 長的平方

　　= 斜邊 $AC$ 長的平方 − 鄰邊 $CD$ 長的平方

　　= 斜邊 $BC$ 長的平方 − 鄰邊 $CD$ 長的平方

　　= 底邊 $BD$ 長的平方。

因此，我們得到

$$\text{底邊 } AD \text{ 長} = \text{底邊 } BD \text{ 長} = \frac{1}{2}。$$

所以，再由畢氏定理得

　　鄰邊 $CD$ 長的平方

　　= 斜邊 $AC$ 長的平方 − 底邊 $AD$ 長的平方

　　$= 1^2 - \left(\dfrac{1}{2}\right)^2$

　　$= \dfrac{3}{4}$。

## §6.3 畢氏定理與根號

由此,就可以得到鄰邊 $CD$ 的長,也就是此正三角形 $ABC$ 的高 $h$ 為

$$鄰邊\ CD\ 的長 = \triangle ABC\ 的高\ h = \frac{\sqrt{3}}{2}。$$

最後,得到正三角形 $ABC$ 的面積為

$$\triangle ABC\ 的面積 = \frac{1}{2} \times 1 \times \frac{\sqrt{3}}{2} = \frac{\sqrt{3}}{4}\ 平方公尺。$$

## 練習 6.3

1. 試計算下列正整數的平方根:8、12、15、16、18、24、49、72、81、104、132、150、169、225。
2. 試驗證 $2.236 < \sqrt{5} < 2.237$。
3. 試驗證 $2.449 < \sqrt{6} < 2.45$。
4. 試驗證 $2.645 < \sqrt{7} < 2.646$。
5. 試驗證 $2.828 < \sqrt{8} < 2.829$。
6. 試驗證 $3.162 < \sqrt{10} < 3.163$。
7. 若直角三角形 $ABC$ 中,斜邊 $BC$ 的長為 10 公分,鄰邊 $AC$ 的長為 8 公分,試問其底邊 $AB$ 的長為多少公分?
8. 若直角三角形 $ABC$ 中,底邊 $AB$ 的長為 20 公分,鄰邊 $AC$ 的長為 15 公分,試問其斜邊 $BC$ 的長為多少公分?

9. 若直角三角形 $ABC$ 中,斜邊 $BC$ 的長為 12 公分,鄰邊 $AC$ 的長為 8 公分,試問其底邊 $AB$ 的長為多少公分?

10. 若直角三角形 $ABC$ 中,斜邊 $BC$ 的長為 14 公分,鄰邊 $AC$ 的長為 6 公分,試問其底邊 $AB$ 的長為多少公分?

11. 若直角三角形 $ABC$ 中,底邊 $AB$ 的長為 16 公分,鄰邊 $AC$ 的長為 22 公分,試問其斜邊 $BC$ 的長為多少公分?

12. 若直角三角形 $ABC$ 中,底邊 $AB$ 的長為 32 公分,鄰邊 $AC$ 的長為 10 公分,試問其斜邊 $BC$ 的長為多少公分?

13. 若一個正三角形的邊長為 2 公分,試問其面積為多少平方公分?

14. 若一個正三角形的邊長為 10 公分,試問其面積為多少平方公分?

## §6.4 圓與扇形

圓形(如圖 6.4.1 所示),是平面上的一條曲線,它上面每一個點到圓內一個點(稱作**圓心**)的距離都是相等的。從圓心到圓上任何一個點所形成的線段,稱作**半徑**。通過圓心連結圓上二個點所形成的線段,稱作**直徑**。因此,直徑的長

## §6.4 圓與扇形

是半徑長的兩倍。圓心常以英文字母大寫 $O$ 來表示，半徑的長則常以英文字母 $r$ 或 $R$ 來表示之。

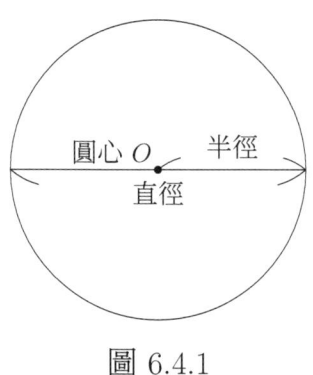

圖 6.4.1

在平面上不論二個圓的大小如何，圓心位在何處，我們只要把圓心重新疊在一起，成為所謂的**同心圓**，便能很清楚地看出任何二個圓之間的關係只是放大或縮小，加上平移罷了。這個放大或縮小的比值其實就是它們之間半徑的比值。也因此，任意一個圓的圓周長和其直徑長的比值恆為一定數，稱作**圓周率**，以希臘字母 $\pi$ 記之。圓周率並不是很容易就可以求得，在下一節中我們將介紹一個簡易的方法，可以用來算出圓周率的近似值。它的正確值為一個非循環的無窮小數，底下是它前幾位的數字

$$\pi = 3.14159265358979\cdots。$$

所以，我們知道圓周長和其半徑長 $r$ 之間，有著下列的關係：

$$圓周長 = 2 \times \pi \times r = 2\pi r。 \quad (6.4.1)$$

因此，(6.4.1) 就是我們用來計算圓周長的唯一公式。

> **例題 6.4.1**
>
> 若圓的半徑長為 10 公分，試問其圓周長為多少公分？
>
> 　　由公式 (6.4.1) 知道，圓周長 $= 2 \times \pi \times 10 = 20\pi$ 公分，大約是等於 $20 \times 3.14 = 62.8$ 公分。

　　接著，我們來看看圓的面積怎麼算。假設圓的半徑長為 $r$，我們的辦法是以一個圓內接正多邊形的面積去逼近圓的面積。在這裡圓內接正多邊形指的是一個多邊形，它的頂點全落在此圓上，而且所有的邊長都相等。很明顯地，我們可以把一個圓內接正多邊形分割成邊數那麼多個相等的等腰三角形，再把其中的一個等腰三角形記為 $\triangle OAB$，如下圖所示：

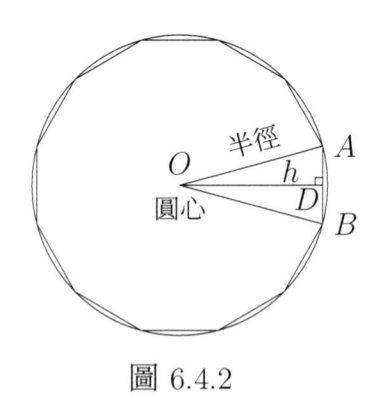

圖 6.4.2

因此，這個圓內接正多邊形的面積就等於邊數乘上三角形 $OAB$ 的面積。接著，我們把圓心 $O$ 到線段 $AB$ 的高記為

## §6.4 圓與扇形

$h$。由於邊數乘上線段 $AB$ 的長等於此圓內接正多邊形的周長，所以得到

$$\text{圓內接正多邊形的面積} = \text{邊數} \times \frac{1}{2} \times h \times \text{線段 } AB \text{ 的長}$$
$$= \frac{1}{2} \times h \times \text{圓內接正多邊形的周長。}$$

當圓內接正多邊形的邊數愈來愈大時，我們發現這個圓內接正多邊形會愈來愈接近圓。所以在上述等式裡，左邊圓內接正多邊形的面積就會逼到圓的面積，而等式右邊中的 $h$ 就會逼到圓的半徑 $r$，同時圓內接正多邊形的周長也會逼到圓的周長，亦即，$2\pi r$。因此，我們就得到下面圓面積的公式：

$$\text{圓的面積} = \frac{1}{2} \times r \times (2\pi r) = \pi r^2 \text{。} \qquad (6.4.2)$$

所以，當我們知道一個圓的半徑時，就可以利用公式 (6.4.2) 來計算圓的面積。

**例題 6.4.2**

若圓的半徑長為 10 公分，試問其面積為多少平方公分？

直接由公式 (6.4.2) 得到圓的面積 $= \pi \times 10 \times 10 = 100\pi$，大約是等於 $100 \times 3.14 = 314$ 平方公分。

接著，我們要討論扇形的情形。**扇形**，根據它的定義，是以圓心 $O$ 為一頂點，由二條半徑和其所夾的一段圓弧在圓內所圍出來的區域，如下圖灰底區域所示：

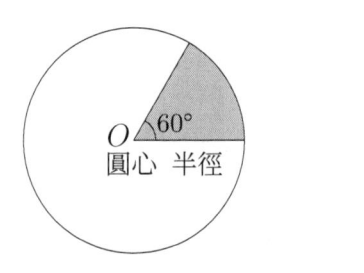

圖 6.4.3

因此,每一個扇形都會對應到一個夾角,稱為**圓心角**,它的角度位於零度與三百六十度之間。我們可以把圓視為一個廣義的扇形,它所對應的圓心角為三百六十度。由於半徑的長是固定的,所以扇形所對應之圓弧的弧長和圓周長的比值就等於扇形所對應之圓心角和三百六十度的比值。同樣地,扇形的面積和圓的面積的比值也等於扇形所對應之圓心角和三百六十度的比值。這說明了扇形所對應之圓弧的弧長及其面積可以透過下列的公式來得到:

$$\text{扇形所對應之圓弧的弧長} = \frac{\text{扇形所對應之圓心角}}{360} \times \text{圓周長}, \tag{6.4.3}$$

$$\text{扇形的面積} = \frac{\text{扇形所對應之圓心角}}{360} \times \text{圓的面積}。 \tag{6.4.4}$$

例題 6.4.3

假設圓的半徑長為 10 公分。若我們考慮其中一個圓心角為 120 度之扇形,試問其周長與面積各為多少?

## §6.4 圓與扇形

首先，計算圓心角 120 度與 360 度的比值得

$$\frac{120}{360} = \frac{1}{3}。$$

所以，扇形所對應之圓弧的弧長，根據公式 (6.4.3)，等於 $\frac{1}{3} \times 2 \times \pi \times 10 = \frac{20}{3}\pi$。因此，扇形的周長等於半徑長的二倍加上此弧長等於 $20 + \frac{20}{3}\pi$ 公分。至於扇形的面積，根據公式 (6.4.4)，則等於 $\frac{1}{3} \times \pi \times 10 \times 10 = \frac{100}{3}\pi$ 平方公分。

## 練習 6.4

試求下列各圖形中灰底部分的周長與面積（單位：公分）。其中 8–12 題的外圍圖形為邊長 1 公分的正方形。

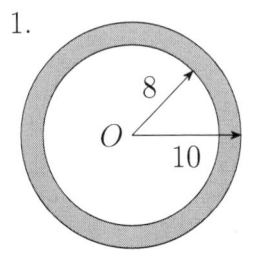

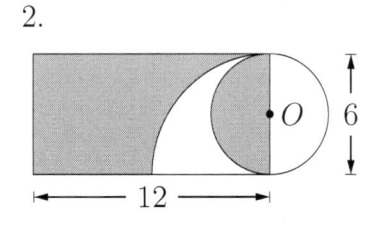

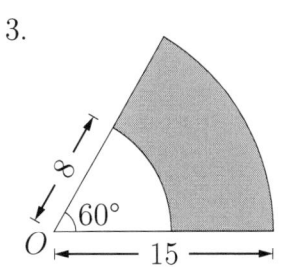

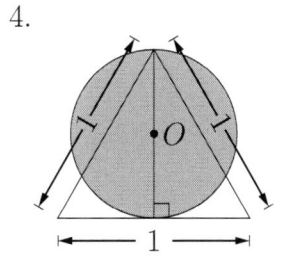

1.

2.

3.

4.

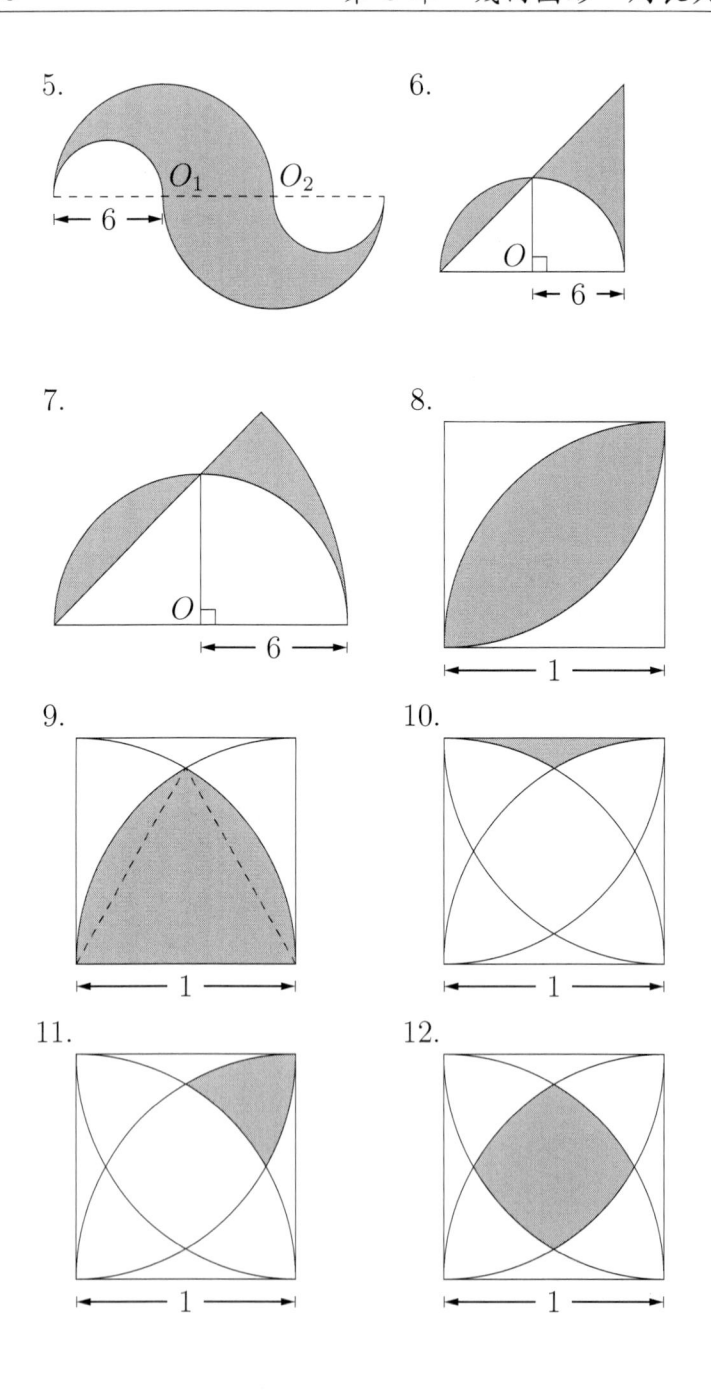

166　第 6 章　幾何圖形、周長與面積

5.

6.

7.

8.

9.

10.

11.

12.

## §6.5　圓周率的簡易求法

在這一節中我們將以簡單的方法來求得圓周率 $\pi$ 的近似值。在整個運算的過程，畢氏定理將是唯一使用到的工具。首先，我們證明下面簡單的性質。

**定理 6.5.1**

假設圓的半徑長為 $1$，線段 $OC$ 平分線段 $AB$。若線段 $AC$ 的長為 $l$，線段 $AB$ 的長為 $h$，如下圖：

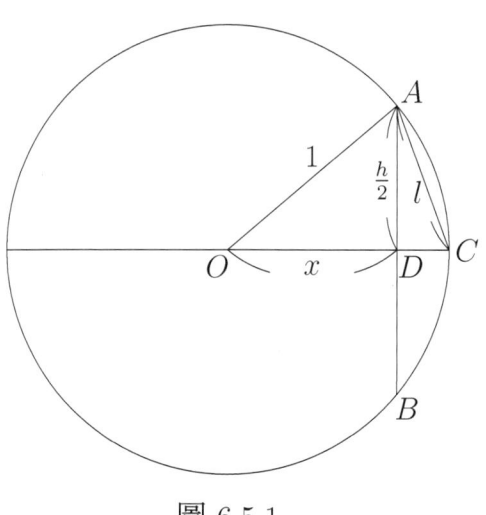

圖 6.5.1

則

$$l = \sqrt{2 - \sqrt{4 - h^2}}。$$

**證明：** 我們將利用畢氏定理二次。首先，在直角三角形

$AOD$ 中，令線段 $OD$ 的長為 $x$，則

$$1 = x^2 + \left(\frac{h}{2}\right)^2 = x^2 + \frac{h^2}{4}。$$

所以，

$$x = \sqrt{1 - \frac{h^2}{4}} = \frac{\sqrt{4-h^2}}{2}。$$

接著，在直角三角形 $ADC$ 中，再次利用畢氏定理和上式得到

$$\begin{aligned}l^2 &= \left(\frac{h}{2}\right)^2 + (1-x)^2 \\ &= \frac{h^2}{4} + 1 - 2x + x^2 \\ &= 2 - 2x \\ &= 2 - \sqrt{4-h^2}。\end{aligned}$$

因此，就證明了

$$l = \sqrt{2 - \sqrt{4-h^2}}。 \qquad \square$$

利用定理 6.5.1，我們就可以算出圓周率 $\pi$ 的近似值。圓的半徑仍然假設為 1，所以，$2\pi$ 就等於圓周長。我們的辦法就是利用圓內接正多邊形的邊長去逼近圓周長，如此，便可以得到圓周長的近似值，亦即 $\pi$ 的近似值。

首先，我們做一個圓的內接正六邊形，用意是因為它的每一邊長為 1，記為 $l_6 = 1$。所以，這一個圓內接正六邊形的周長 $L_6$ 為

$$L_6 = 6 \times l_6 = 6。$$

§6.5　圓周率的簡易求法　　　　　　　　　　　　　　　　169

接下來，我們每次都把上一個圓內接正多邊形的邊數加倍，如下圖所示：

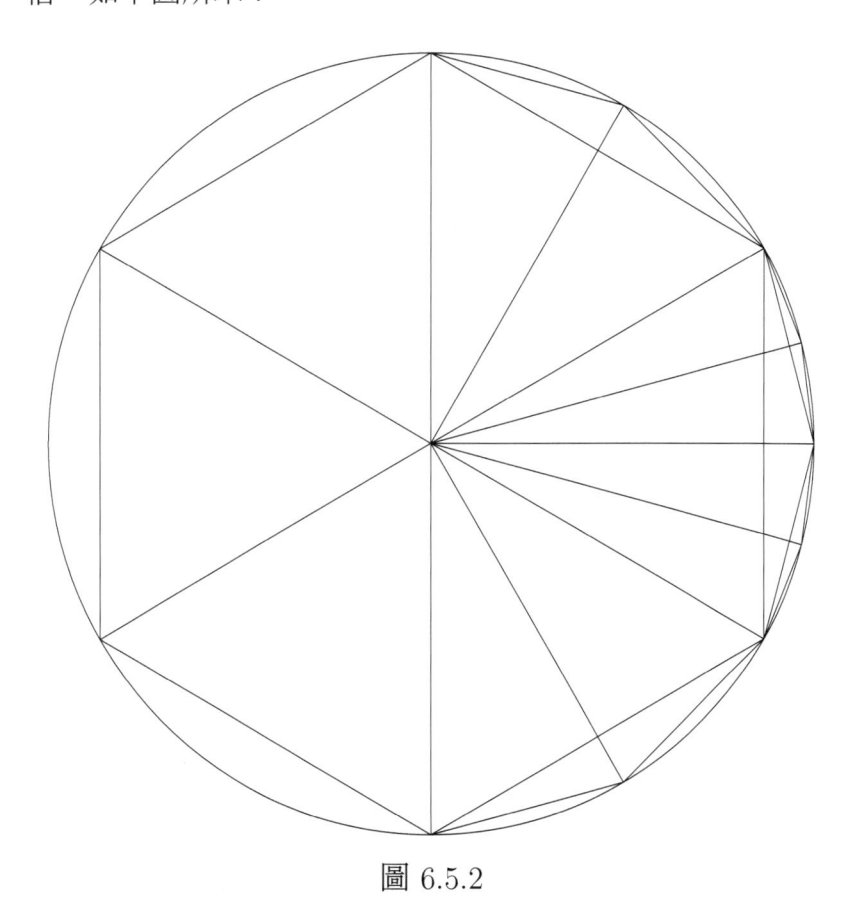

圖 6.5.2

因此，現在我們做一個圓的內接正十二 $(3 \times 2^2)$ 邊形，把它的一邊長記為 $l_{12}$。由定理 6.5.1 知道

$$l_{12} = \sqrt{2 - \sqrt{4 - l_6^2}} = \sqrt{2 - \sqrt{3}}。$$

所以，這一個圓內接正十二邊形的周長 $L_{12}$ 為

$$L_{12} = 12 \times l_{12} = 3 \times 2^2 \times \sqrt{2 - \sqrt{3}}。$$

依此類推，得圓內接正二十四（$3 \times 2^3$）邊形的周長 $L_{24}$ 為

$$\begin{aligned} L_{24} &= 24 \times l_{24} \\ &= 3 \times 2^3 \times \sqrt{2 - \sqrt{4 - l_{12}^2}} \\ &= 3 \times 2^3 \times \sqrt{2 - \sqrt{2 + \sqrt{3}}}。\end{aligned}$$

更進一步，不難推得圓內接正 $3 \times 2^k$ 邊形的周長 $L_{3 \times 2^k}$（其中 $k \geq 2$）為

$$L_{3 \times 2^k} = 3 \times 2^k \times \underbrace{\sqrt{2 - \sqrt{2 + \sqrt{2 + \cdots + \sqrt{2 + \sqrt{3}}}}}}_{k-1 \text{ 個 } 2}。$$

當 $k$ 很大時，圓內接正 $3 \times 2^k$ 邊形的周長就很接近圓的周長，也就是 $2\pi$。由此，就可以得到圓周率 $\pi$ 的近似值

$$\begin{aligned} \pi &\approx \frac{1}{2} \times L_{3 \times 2^k} \\ &= 3 \times 2^{k-1} \times \underbrace{\sqrt{2 - \sqrt{2 + \sqrt{2 + \cdots + \sqrt{2 + \sqrt{3}}}}}}_{k-1 \text{ 個 } 2}。\end{aligned}$$

## §6.5 圓周率的簡易求法

符號「≈」表示近似值。原則上，當 $k$ 比較小時，上式的根號運算是勉強可以直接用手算的。不過讀者可以藉由小型計算機算算看，應該可以很容易得到下列之數值：

$$\frac{1}{2} \times L_{3 \times 2} = 3$$

$$\frac{1}{2} \times L_{3 \times 2^2} \approx 3.1058285412$$

$$\frac{1}{2} \times L_{3 \times 2^3} \approx 3.1326286133$$

$$\frac{1}{2} \times L_{3 \times 2^4} \approx 3.1393502030$$

$$\frac{1}{2} \times L_{3 \times 2^5} \approx 3.1410319509$$

$$\frac{1}{2} \times L_{3 \times 2^6} \approx 3.1414524723$$

$$\frac{1}{2} \times L_{3 \times 2^7} \approx 3.1415576079$$

$$\frac{1}{2} \times L_{3 \times 2^8} \approx 3.1415838921$$

$$\frac{1}{2} \times L_{3 \times 2^9} \approx 3.1415904632。$$

最後這個數字和平常我們在使用之圓周率 $\pi$ 的近似值 3.14159，就已經相去不遠了。

# 第 7 章
# 體積與容積

在上一章中,我們介紹了幾種平面上的幾何圖形,例如,圓形和多邊形中的三角形、正方形、長方形、平行四邊形和梯形等等。我們也講解了如何去求它們的面積與周長,也討論了一些相關的問題,如圓周率的意義以及它的簡易求法。現在,我們要將討論的範圍擴大到三度空間的立體幾何圖形,其中包括正方體、長方體、柱體和錐體。底下我們將作一一的介紹並計算它們的體積與表面積。

## §7.1 正方體與長方體

首先,我們定義長方體。**長方體**是把平面上的一個長方形垂直向上或垂直向下移動一段距離,所得到的一個立體幾何圖形。所以相鄰的三個邊,兩兩相互垂直,我們把垂直長

方形長與寬的邊稱為**高**,所以高的大小就是長方形移動的距離。當一個長方體的三個邊,長、寬、高,都一樣長時,我們就把它稱作**正方體**或**立方體**。下圖左邊是一個正方體,右邊則為一個長方體。

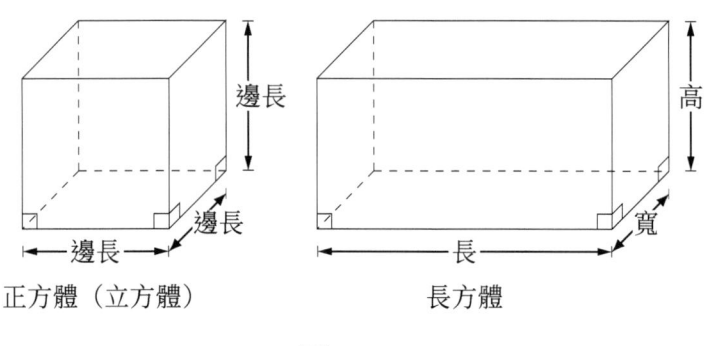

正方體(立方體) 　　　　　長方體

圖 7.1.1

對於三度空間的立體幾何圖形,我們也希望能像二度空間平面上有一套完整的機制可以用來度量體積的大小。很自然地,我們把邊長為一個參考單位的立方體作為度量體積的一個參考單位,稱之為**單位立方體**,如下圖所示:

單位立方體

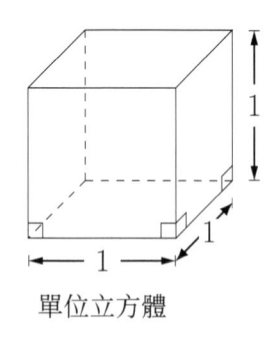

圖 7.1.2

## §7.1 正方體與長方體

因此，若我們以公分或公尺為一個長度參考單位，此時單位立方體的體積就稱為**立方公分**或**立方公尺**。現在，假設有一個邊長為 3 公分的正方體，很明顯地當我們把每邊分成 3 等份之後，就可以把此正方體分成 27 個邊長為 1 公分的小正方體，如下圖：

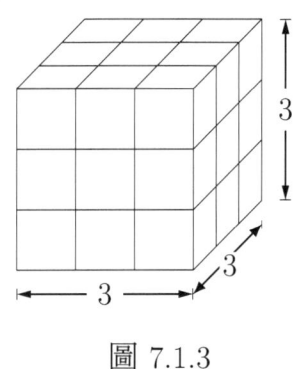

圖 7.1.3

所以這個正方體的體積就是 27 立方公分。又例如有一個長 5 公分，寬 2 公分，高 3 公分的長方體，當我們把長分成 5 等份，寬分成 2 等份，高分成 3 等份之後，就可以把此長方體分成 30 個邊長為 1 公分的小正方體，如下圖：

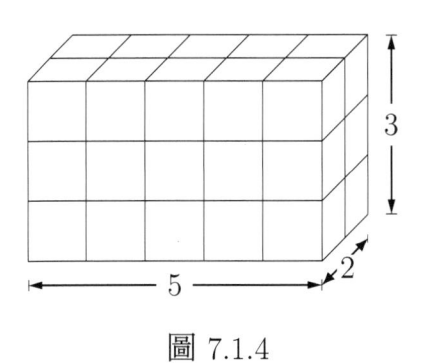

圖 7.1.4

因此這個長方體的體積就是 30 立方公分。值得注意的是，當一個正方體的邊長放大為原來的 $a$ 倍時，其體積就會變成原來體積的 $a \times a \times a = a^3$ 倍。若一個長方體的長放大為原來的 $a$ 倍，寬放大為原來的 $b$ 倍，高放大為原來的 $c$ 倍，則長方體的體積就會變成原來體積的 $a \times b \times c = abc$ 倍。若邊長各縮小一個倍數時，我們也是有類似的結果。

## 練習 7.1

1. 試問一個邊長為 7 公分的正方體體積是多少立方公分？
2. 試問一個長為 24 公分，寬為 15 公分，高為 8 公分的長方體體積是多少立方公分？
3. 假設一個正方體的體積為 216 立方公分，試問其邊長為多少公分？
4. 假設一個正方體的體積為 3375 立方公分，試問其邊長為多少公分？
5. 假設一個長方體的體積為 2376 立方公分，長為 22 公分，寬為 12 公分，試問其高為多少公分？
6. 假設一個長方體的體積為 858 立方公分，長為 13 公分，高為 6 公分，試問其寬為多少公分？
7. 假設一個長方體的體積為 392 立方公分，寬為 4 公分，高為 7 公分，試問其長為多少公分？
8. 假設第一個正方體的體積為 48 立方公分。若第二個正

§7.2 柱體

方體的邊長為第一個正方體邊長的 2 倍,試問第二個正方體的體積為多少立方公分?

9. 假設第一個正方體的體積為 16 立方公分。若第二個正方體的邊長為第一個正方體邊長的一半,試問第二個正方體的體積為多少立方公分?

10. 假設第一個長方體的體積為 26 立方公分。若第二個長方體的長為第一個長方體長的 3 倍,寬為第一個長方體寬的 2 倍,高為第一個長方體高的 4 倍,試問第二個長方體的體積為多少立方公分?

11. 假設第一個長方體的體積為 14 立方公分。若第二個長方體的長為第一個長方體長的 5 倍,寬為第一個長方體寬的 3 倍,二者的高則為相等,試問第二個長方體的體積為多少立方公分?

12. 假設第一個長方體的體積為 18 立方公分。若第二個長方體的長與寬分別和第一個長方體的長與寬相等,高則為第一個長方體高的 8 倍,試問第二個長方體的體積為多少立方公分?

# §7.2 柱體

在這一節中,我們要介紹柱體,它是立方體與長方體一種很自然的推廣。所以,顧名思義,**柱體**是一個三度空間的立體幾何圖形,它是將一個平面的圖形垂直向上或垂直向

下移動一段距離，所得到的一個幾何圖形。因此，它的外觀完全由其平面的圖形來決定。我們也依據其平面圖形的形狀而給予不同的名稱，比如說，當平面圖形分別為圓形、三角形、四邊形或五邊形時，我們便將所得到的柱體分別稱為**圓柱**、**三角柱**、**四角柱**或**五角柱**。下面則是它們的圖形：

圓柱　　三角柱　　四角柱　　五角柱

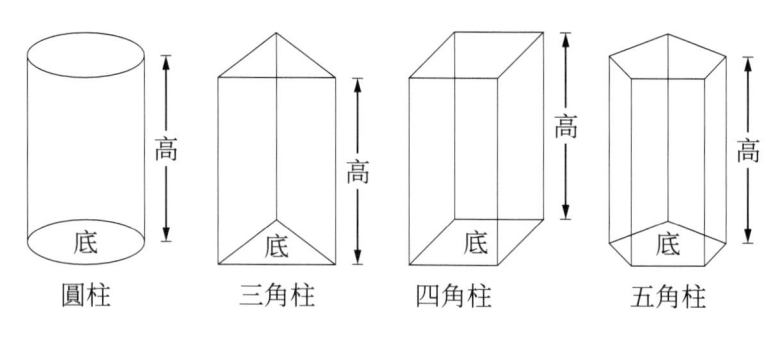

圖 7.2.1

這個平面圖形我們就把它稱為此柱體的**底**，而把此平面圖形所移動的距離稱為此柱體的**高**。有了柱體的定義之後，我們便可以開始討論如何計算它們的體積與表面積。

首先，我們討論體積的情形。因為柱體是由其底垂直上下移動所形成，所以計算柱體的體積時，可以先用一些小正方形去逼近它的底面積，也就是試著用一些小正方形去填滿這個平面圖形。然後以這些小正方形為底，柱體的高為高作出相對應的長方體，這些長方體體積的和就會逼近柱體的體積。接著，再由上一節的討論知道，長方體的體積等於它的底面積乘上高。因為高是固定的，所以這些長方體體積的和就等於先把它們的底面積加起來後再乘上高，也就是這些小

## §7.2 柱體

正方形的面積和再乘上高。所以當這些小正方形的面積和逼近柱體的底面積時，這些長方體體積的和也會跟著逼近柱體的體積，這樣就得到柱體的體積等於它的底面積乘上高。因此我們有下面的定理。

> **定理 7.2.1**
>
> 柱體的體積等於它的底面積乘上高，亦即，
>
> $$\text{柱體的體積} = \text{底面積} \times \text{高}。$$

至於柱體的表面積也是很清楚的，它包含側邊面積和上、下兩底的面積。由於側邊面積，很明顯地，等於底的周長乘上柱體的高，又因為上底和下底的面積是相等的，所以我們可以把柱體的表面積敘述如下：

> **定理 7.2.2**
>
> 柱體的表面積
> = 側邊面積 + 上底的面積 + 下底的面積
> = 底的周長 × 柱體的高 + 2 × 底面積。

不過一個平面圖形的周長與面積，一般而言，不是那麼容易就可以得到。所以，通常我們是無法用簡單的方法來算出柱體的體積與表面積，除非它的底是一些比較簡單的平面幾何圖形。底下我們看幾個例子。

**例題 7.2.3**

假設有一個柱體其底為一個長 9 公尺，寬 4 公尺的長方形。若高為 8 公尺，試問其體積為多少立方公尺？表面積為多少平方公尺？

這個柱體其實是一個長方體，所以，體積 = 長 × 寬 × 高 = $9 \times 4 \times 8 = 288$ 立方公尺。至於表面積，我們先計算底的周長為 $2 \times (9+4) = 26$ 公尺。因此側邊面積 = $26 \times 8 = 208$ 平方公尺。而底面積為 $9 \times 4 = 36$ 平方公尺。所以此柱體的表面積總共是 $208 + 2 \times 36 = 280$ 平方公尺。

**例題 7.2.4**

假設有一個柱體其底為邊長 2 公尺的正三角形。若高為 6 公尺，試問其體積為多少立方公尺？表面積為多少平方公尺？

首先，我們計算底的面積。它是一個邊長 2 公尺的正三角形，所以仿照例題 6.3.8 的方法，可以算得它的面積為 $\sqrt{3}$ 平方公尺。由於此柱體的高為 6 公尺，所以其體積為 $6 \times \sqrt{3} = 6\sqrt{3}$ 立方公尺。接著，因為正三角形的周長為 $3 \times 2 = 6$ 公尺，所以側邊面積為 $6 \times 6 = 36$ 平方公尺。因此柱體的表面積總共是 $36 + 2\sqrt{3}$ 平方公尺。

## §7.2 柱體

**例題 7.2.5**

假設有一個柱體其底為半徑長 4 公分的圓形。若高為 22 公分，試問其體積為多少立方公分？表面積為多少平方公分？

這個柱體的底為一個半徑長 4 公分的圓形，所以它的面積為 $\pi \times 4^2 = 16\pi$ 平方公分，圓周長為 $2 \times \pi \times 4 = 8\pi$ 公分。所以體積為 $16\pi \times 22 = 352\pi$ 立方公分，表面積為 $8\pi \times 22 + 2 \times 16\pi = 176\pi + 32\pi = 208\pi$ 平方公分。

## 練習 7.2

1. 假設有一個柱體其底面積為 28 平方公分，高為 12 公分，試問其體積為多少立方公分？

2. 假設有一個柱體其底面積為 14 平方公分，體積為 210 立方公分，試問其高為多少公分？

3. 假設有一個柱體其體積為 660 立方公分，高為 15 公分，試問其底面積為多少平方公分？

4. 假設有一個柱體其底為邊長 8 公分的正方形。若高為 20 公分，試問其體積為多少立方公分？表面積為多少平方公分？

5. 假設有一個柱體其底為長 8 公分，寬 6 公分的長方形。若高為 7 公分，試問其體積為多少立方公分？表面積

為多少平方公分？

6. 假設有一個柱體其底為長 20 公分，寬 6 公分的長方形。若高為 11 公分，試問其體積為多少立方公分？表面積為多少平方公分？

7. 假設有一個柱體其底為邊長 10 公分的正三角形。若高為 15 公分，試問其體積為多少立方公分？表面積為多少平方公分？

8. 假設有一個柱體其底為邊長 8 公分的正三角形。若高為 8 公分，試問其體積為多少立方公分？表面積為多少平方公分？

9. 假設有一個柱體其底為半徑長 6 公分的圓形。若高為 12 公分，試問其體積為多少立方公分？表面積為多少平方公分？

10. 假設有一個柱體其底為半徑長 10 公分的圓形。若高為 9 公分，試問其體積為多少立方公分？表面積為多少平方公分？

## §7.3 錐體

在講解完正方體、長方體和柱體之後，接著我們要介紹錐體。基本上，**錐體**是由一個平面上的圖形和平面外的一點來形成，我們把此點和平面圖形上的每一個點都連結起來便形成了一個錐體。它的外形，不同於柱體，除了和平面圖形

§7.3 錐體

的形狀有關外，也和平面外那一點的位置有相當的關係。但是，原則上它們的名稱還是由平面的圖形來決定，比如說，當平面圖形為圓形或三角形時，我們便把此錐體稱為**圓錐**或**三角錐**，餘類推。當平面圖形為多邊形時，我們也把此錐體簡稱為**角錐**。底下是幾種常見的錐體：

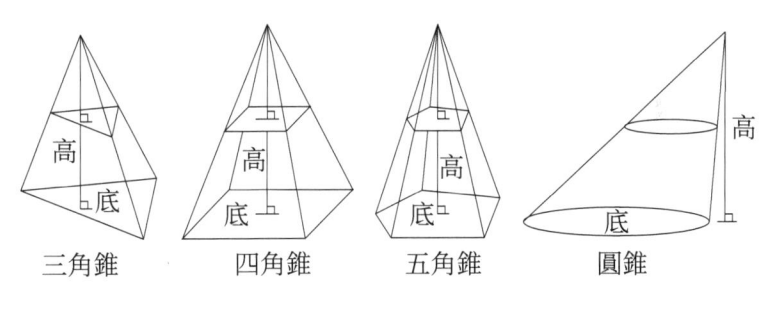

三角錐　　四角錐　　五角錐　　圓錐

圖 7.3.1

此時，我們仍舊把這個平面圖形稱為此錐體的**底**，而把平面外那一點稱為**頂點**，頂點到此平面的距離稱為此錐體的**高**。本節最主要的工作就是要計算這些常見錐體的體積。下面這個定理告訴我們如何去計算三角錐的體積。至於其他錐體的體積都可以經由此定理得到。

---
**定理 7.3.1**

三角錐的體積 $= \frac{1}{3} \times$ 底面積 $\times$ 高。

---

**證明：** 首先我們把三角錐記為三角錐 $ABCD$（如圖 7.3.2 所示），同時把它的體積記為 $V$，頂點 $D$ 到底 $\triangle ABC$ 的高記

為 $h$，垂足點記為 $G_1$。符號 $a\triangle ABC$ 則代表 $\triangle ABC$ 的面積。

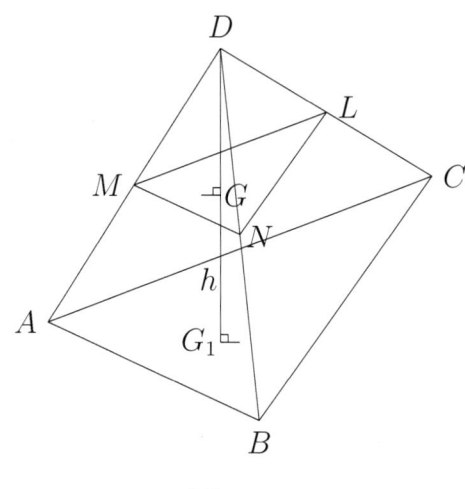

圖 7.3.2

我們可以假設 $G_1$ 落在 $\triangle ABC$ 裡面。如果垂足點 $G_1$ 落在 $\triangle ABC$ 外面，我們可以在底邊 $\triangle ABC$ 所在的平面上作輔助三角形，如下圖所示：

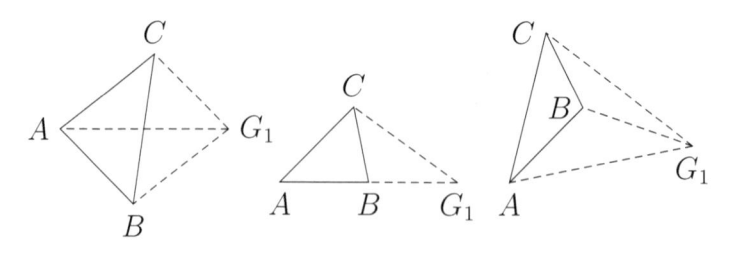

圖 7.3.3

這個時候考慮具有同樣頂點 $D$ 的三角錐或四角錐，就可以說明定理在三角錐 $ABCD$ 也是成立的。我們以圖 7.3.3 中

## §7.3 錐體

第一個情形為例來作說明。由於垂足點 $G_1$ 落在 $\triangle AG_1C$、$\triangle AG_1B$ 與 $\triangle BG_1C$ 的裡面（包括邊界），因此，由定理得到

三角錐 $ABCD$ 的體積

$= $ 四角錐 $ABG_1CD$ 的體積 $-$ 三角錐 $BG_1CD$ 的體積

$= $ (三角錐 $AG_1CD$ 的體積 $+$ 三角錐 $AG_1BD$ 的體積)

　　$-$ 三角錐 $BG_1CD$ 的體積

$= \dfrac{1}{3} \times (a\triangle AG_1C + a\triangle AG_1B - a\triangle BG_1C) \times h$

$= \dfrac{1}{3} \times a\triangle ABC \times h$。

同理也可以推得圖 7.3.3 中其他二種情形的證明。

　　現在我們要把三角錐 $ABCD$ 做適當的分割。首先在邊 $AD$、$BD$ 和 $CD$ 上分別取中點 $M$、$N$ 和 $L$，畫一個三角形 $MNL$。很明顯地，由平面幾何上的觀察知道 $\triangle MNL$ 的每一邊長僅為 $\triangle ABC$ 對應邊長的一半，所以得到 $a\triangle MNL = \frac{1}{4}a\triangle ABC$。另外，三角錐 $ABCD$ 的高也會交 $\triangle MNL$ 於一點 $G$，即高在 $\triangle MNL$ 的垂足點。自點 $G$ 向三角形 $MNL$ 的三個邊作垂線，分別交邊 $MN$、$NL$ 和 $LM$ 於點 $X$、$Y$ 和 $Z$。然後將三角形 $MNL$ 垂直投影在三角形 $ABC$ 上，記為 $\triangle M_1N_1L_1$，以及點 $X_1$、$Y_1$ 和 $Z_1$ 分別對應於點 $X$、$Y$ 和 $Z$。最後自點 $M_1$、$N_1$ 向邊 $AB$ 作垂線交邊 $AB$ 於點 $O$、$P$，自點 $N_1$、$L_1$ 向邊 $BC$ 作垂線交邊 $BC$ 於點 $Q$、$R$，自

點 $L_1$、$M_1$ 向邊 $CA$ 作垂線交邊 $CA$ 於點 $S$、$T$。下面左圖顯示剛才所作的圖形，右圖則為底的俯視圖。

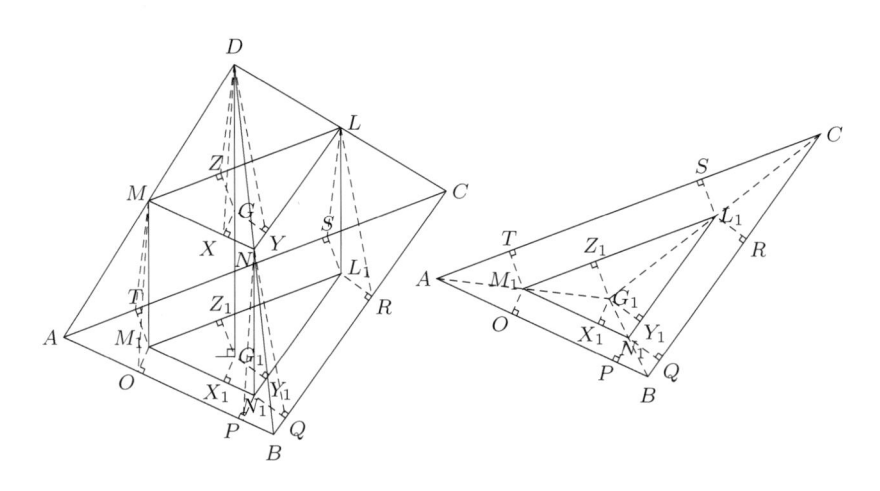

圖 7.3.4

作圖完畢之後，我們開始計算三角錐 $ABCD$ 的體積。

**步驟一：** 不難看出三角錐 $MNLD$ 為三角錐 $ABCD$ 的縮小圖形。因為三角形 $MNL$ 的每一個邊長僅為三角形 $ABC$ 對應邊長的一半，而且三角錐 $MNLD$ 的高 $\overline{DG}$ 也只是三角錐 $ABCD$ 高 $\overline{DG_1}$ 的一半，所以

$$\text{三角錐 } MNLD \text{ 的體積}$$
$$= \frac{1}{8} \times \text{三角錐 } ABCD \text{ 的體積}$$
$$= \frac{1}{8}V \text{。}$$

**步驟二：** 注意到錐體 $ZGYLD$ 和錐體 $SL_1RCL$ 是完全相

§7.3 錐體

等的。同樣的道理，錐體 $YGXND$、錐體 $XGZMD$ 也分別和錐體 $QN_1PBN$ 和錐體 $OM_1TAM$ 是完全相等的。因此，

錐體 $SL_1RCL$ 的體積 + 錐體 $QN_1PBN$ 的體積

+ 錐體 $OM_1TAM$ 的體積

= 三角錐 $MNLD$ 的體積

= $\dfrac{1}{8}V$。

**步驟三：**

三角柱 $M_1N_1L_1MNL$ 的體積

$= a\triangle MNL \times \dfrac{h}{2}$

$= \dfrac{1}{4} \times a\triangle ABC \times \dfrac{h}{2}$

$= \dfrac{1}{8} \times a\triangle ABC \times h$。

**步驟四：** 也是最後的一個步驟，則計算剩下來的三個小三角柱的體積。很明顯此部分的體積為

$\dfrac{1}{2} \times (\overline{OP} \times \overline{OM_1} + \overline{QR} \times \overline{QN_1} + \overline{ST} \times \overline{SL_1}) \times \dfrac{h}{2}$

$= \dfrac{1}{2} \times (\overline{MN} \times \overline{GX} + \overline{NL} \times \overline{GY} + \overline{LM} \times \overline{GZ}) \times \dfrac{h}{2}$

$= a\triangle MNL \times \dfrac{h}{2}$

$= \dfrac{1}{8} \times a\triangle ABC \times h$。

現在，我們將以上四個步驟中所分別算得的體積加起來，即為三角錐 $ABCD$ 的體積 $V$。所以，

$$V = \frac{1}{8}V + \frac{1}{8}V + \frac{1}{8} \times a\triangle ABC \times h + \frac{1}{8} \times a\triangle ABC \times h$$
$$= \frac{1}{4}V + \frac{1}{4} \times a\triangle ABC \times h。$$

因此，我們得到

$$\frac{3}{4}V = \frac{1}{4} \times a\triangle ABC \times h，$$

也就是說

$$V = \frac{1}{3} \times a\triangle ABC \times h。$$

證明完畢。 □

在定理 7.3.1 裡，我們除了得到一個很簡單、清楚的公式可以用來計算三角錐的體積外，特別要留意的就是，當三角錐的底被固定時，其體積就只跟頂點到此平面的距離有關，而和頂點的位置無關。所以當我們知道三角錐的底面積為 12 平方公分，其上的高為 7 公分時，就可以馬上利用此公式來得到三角錐的體積為 $(12 \times 7) \div 3 = 28$ 立方公分，而不需要確切知道頂點的位置。

現在利用定理 7.3.1 我們就可以很容易地算出其他錐體的體積。雖然底下的定理對任何錐體都是成立的，不過為了讓證明顯得更清楚，在此我們只敘述圓錐和角錐二種情況。

§7.3  錐體

> **定理 7.3.2**
> 圓錐或角錐的體積 $= \frac{1}{3} \times$ 底面積 $\times$ 高。

**證明：** 首先，我們看角錐的情形。這個時候角錐的底為一個多邊形，因此經過適當的分割，就可以把底分成幾個三角形。相對地，這個角錐就可以分成幾個具有同樣的高的三角錐。例如在圖 7.3.5 中，我們把角錐的底分成三個三角形，面積分別為 $A_1$、$A_2$ 和 $A_3$。因此，角錐的體積就等於這幾個三角錐體積的和。因為計算三角錐體積的公式都一樣，因此如果高也一樣，則在計算這些三角錐體積和的時候，就可以先把這些三角錐的底面積，亦即這些三角形的面積加起來，再套用公式繼續運算。但如此一來，也等於是把公式中的底面積換成多邊形的面積，亦即角錐的底面積。

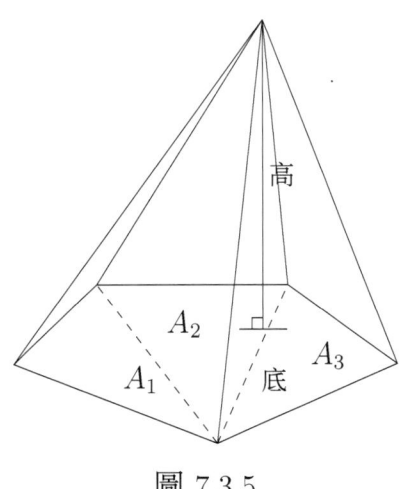

圖 7.3.5

以圖 7.3.5 為例，

> 角錐的體積
> 
> = 三個三角錐體積的和
> 
> $= \dfrac{1}{3} \times A_1 \times 高 + \dfrac{1}{3} \times A_2 \times 高 + \dfrac{1}{3} \times A_3 \times 高$
> 
> $= \dfrac{1}{3} \times (A_1 + A_2 + A_3) \times 高$
> 
> $= \dfrac{1}{3} \times 角錐的底面積 \times 高。$

這樣就證明了角錐的情形。

至於圓錐的情形，我們也可以很容易地證明。首先，和上一章求圓面積的方法一樣，我們用圓的內接多邊形去逼近圓。然後將圓錐的頂點和此內接多邊形連接起來，就得到一個內接於圓錐的角錐，如下圖：

圖 7.3.6

接著利用前面剛證得的結果可以得到

$$角錐的體積 = \dfrac{1}{3} \times 角錐的底面積 \times 高。$$

§7.3　錐體

很明顯地，當圓的內接多邊形逼近圓的時候，等式左邊所代表之角錐的體積就會逼近到圓錐的體積，而等式右邊中之角錐的底面積，即圓內接多邊形的面積，就會逼近到圓的面積。因此便得到

$$\text{圓錐的體積} = \frac{1}{3} \times \text{圓錐的底面積} \times \text{高}。$$

這樣圓錐的情形也證明完畢了。　　　　　　　　　　　□

　　一般而言，錐體的表面積是不太容易算的。但是，如果我們利用畢氏定理便可以算一些比較特殊錐體的表面積。所以底下我們介紹幾種正錐體，比如說：**正三角錐**或**正四角錐**，它的錐底是一個正三角形或正方形而且頂點是位在通過正三角形或正方形中心點的垂直線上；另一種則是**正圓錐**，它的錐底是一個圓形而且頂點是位在通過圓心的垂直線上。下面左圖是一個正三角錐，中間為一個正四角錐，右圖則為一個正圓錐。

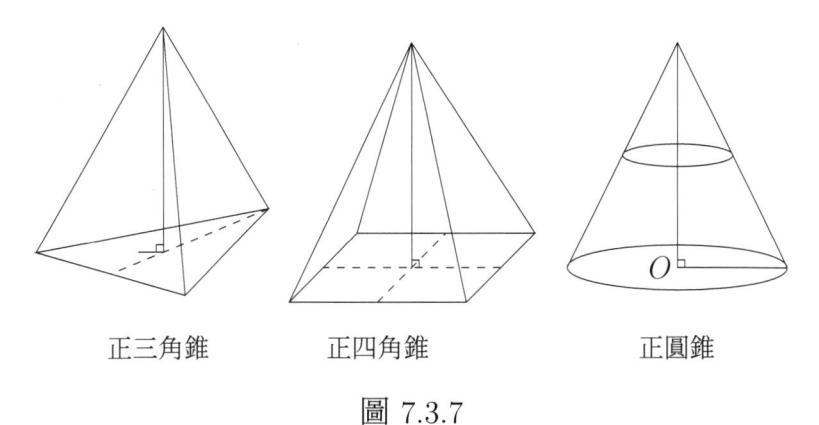

正三角錐　　　　正四角錐　　　　正圓錐

圖 7.3.7

正圓錐也可以把它視為是由一個直立的直角三角形，以它的鄰邊為軸旋轉三百六十度而得到。若把一個正圓錐截掉上面一個較小的正圓錐，剩下來的底部就稱之為**圓錐平台**。圓錐平台的體積和表面積都可以由正圓錐的計算得到。底下我們來講解如何計算正三角錐、正四角錐和正圓錐的表面積。

### 例題 7.3.3

假設一個正三角錐的底為邊長 2 公分之正三角形，高為 6 公分。試計算其體積和表面積。

首先，我們把此正三角錐記為三角錐 $ABCD$，其底邊為正三角形 $ABC$。接著，我們必須找出正三角形 $ABC$ 的中心點，亦即其幾何中心。所以自頂點 $A$ 作一條直線垂直邊 $BC$，且交邊 $BC$ 於點 $E$。同樣地，自頂點 $B$ 作一條直線垂直邊 $AC$，且交邊 $AC$ 於點 $F$。令線段 $AE$ 和線段 $BF$ 的交點為 $G$。由於對稱的關係，點 $G$ 就是此正三角形 $ABC$ 的中心點。下圖中左邊即為此正三角錐 $ABCD$，右邊則為其底邊之正三角形 $ABC$。

§7.3 錐體

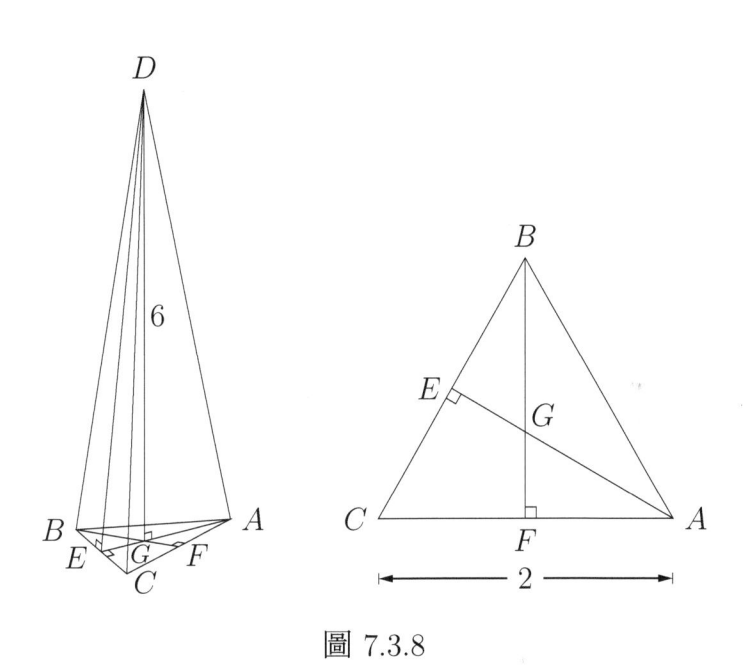

圖 7.3.8

因此，當 $\overline{AB} = 2$，由畢氏定理得知，$\overline{AE} = \sqrt{3}$。這告訴我們，當一個直角三角形底邊所形成的二個角分別是直角和六十度時，則其三個邊長的比值為：

斜邊長：底邊長：鄰邊長 $= 2 : 1 : \sqrt{3}$。

因為三角形 $BGE$ 也是符合此條件，所以

$$\overline{GE} = \frac{1}{\sqrt{3}}\overline{BE} = \frac{\sqrt{3}}{3}\overline{BE} = \frac{\sqrt{3}}{3},$$
$$\overline{AG} = \overline{AE} - \overline{GE} = \sqrt{3} - \frac{\sqrt{3}}{3} = \frac{2\sqrt{3}}{3}。$$

這表示在任何一個正三角形 $ABC$ 上，我們都有 $\overline{AG}:\overline{GE}=2:1$，亦即，中心點是位在自任何一個頂點到對邊所作的高，且自對邊算起高的 $\frac{1}{3}$ 位置。

現在，我們就可以很容易地計算此正三角錐的體積與表面積。由定理 7.3.1，

$$\begin{aligned}體積 &= \frac{1}{3} \times 底面積 \times 高 \\ &= \frac{1}{3} \times \left(\frac{1}{2} \times 2 \times \sqrt{3}\right) \times 6 \\ &= 2\sqrt{3} \text{ 立方公分。}\end{aligned}$$

至於表面積的部分，我們必須再次利用畢氏定理來算側邊三角形 $BCD$ 的高 $\overline{DE}$，如圖 7.3.8 所示。因此，

$$\overline{DE}^2 = 6^2 + \overline{GE}^2 = 36 + \left(\frac{\sqrt{3}}{3}\right)^2 = 36 + \frac{1}{3} = \frac{109}{3}。$$

所以，$\overline{DE} = \frac{\sqrt{109}}{\sqrt{3}}$。由此可得

$$\begin{aligned}表面積 &= 底面積 + 3 \times 側邊三角形面積 \\ &= \frac{1}{2} \times 2 \times \sqrt{3} + 3 \times \left(\frac{1}{2} \times 2 \times \frac{\sqrt{109}}{\sqrt{3}}\right) \\ &= \sqrt{3} + \sqrt{327} \text{ 平方公分。}\end{aligned}$$

## §7.3 錐體

### 例題 7.3.4

試計算下圖正四角錐的體積和表面積。(單位:公分)

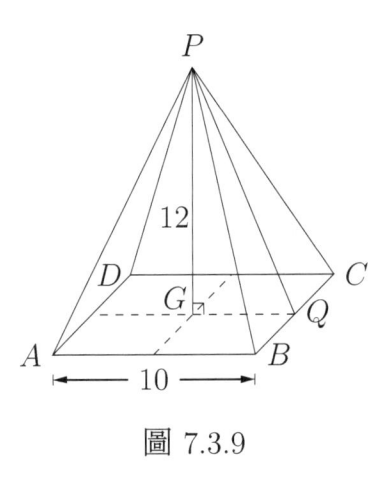

圖 7.3.9

體積的部分很容易得到,根據定理 7.3.2,正四角錐 $ABCDP$ 的體積 $= (10 \times 10 \times 12) \div 3 = 400$ 立方公分。

接著我們計算它的表面積。首先我們必須計算側邊四個面的高,即三角形 $BCP$ 的高 $\overline{PQ}$。令點 $G$ 為頂點 $P$ 到底邊的垂足點,由正四角錐的對稱關係知道三角形 $PGQ$ 為一個直角三角形。因此利用畢氏定理馬上可以得到 $\overline{PQ}^2 = \overline{PG}^2 + \overline{GQ}^2 = 12^2 + 5^2 = 144 + 25 = 169$,所以高 $PQ$ 的長為 13 公分。這時候就可以算出三角形 $BCP$ 的面積為 $(10 \times 13) \div 2 = 65$ 平方公分。因為此角錐的表面共有四個側邊和一個正

方形的底，所以正四角錐 $ABCDP$ 的表面積 $= 65 \times 4 + 10 \times 10 = 260 + 100 = 360$ 平方公分。

**例題 7.3.5**

試計算下圖正圓錐的體積和表面積。（單位：公分）

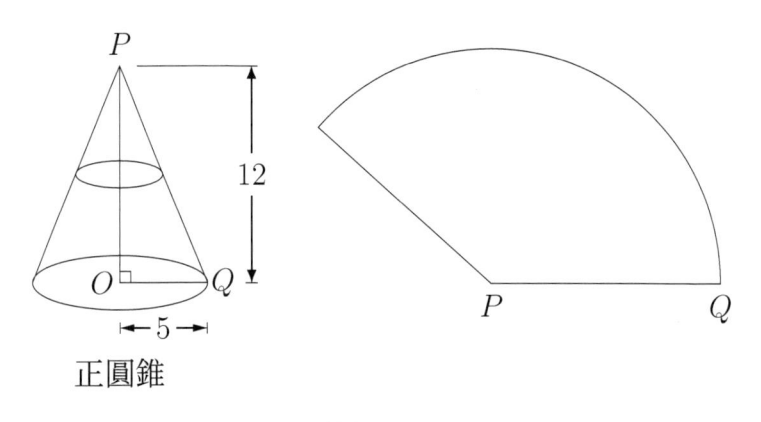

正圓錐

圖 7.3.10

同樣地，根據定理 7.3.2 體積的部分很容易得到，正圓錐的體積 $=$ (圓面積 $\times$ 高) $\div 3 = (\pi \times 5^2 \times 12) \div 3 = 100\pi$ 立方公分。

至於求正圓錐的表面積則需要一點技巧。首先，為了求圓錐斜邊的表面積，我們將斜邊沿著線段 $PQ$ 割開，然後把斜邊以點 $P$ 為圓心展開。由於斜邊的長都等於線段 $PQ$ 的長，不難看出斜邊展開之後所呈現的圖形為一扇形，如圖 7.3.10 右邊所示。所以圓錐斜

## §7.3 錐體

邊的表面積即為此扇形的面積。注意到由於斜邊 $PQ$ 的長大於三角形 $OPQ$ 底邊 $OQ$ 的長，所以斜邊展開之後的圖形只會是一個扇形，而不會是整個圓。

接下來，如同在例題 7.3.4 中一樣，利用畢氏定理就可以算得線段 $PQ$ 的長為 13 公分。因為此扇形所對應之弧長很明顯地等於圓底的圓周長，所以利用扇形面積的公式 (6.4.4) 就可以得到

正圓錐斜邊的表面積

$= $ 展開後之扇形的面積

$= \dfrac{\text{扇形所對應之弧長}}{\text{線段 } PQ \text{ 長為半徑之圓周長}} \times $ 線段 $PQ$ 長為半徑之圓面積

$= \dfrac{2 \times \pi \times 5}{2 \times \pi \times 13} \times \pi \times 13^2$

$= 65\pi$ 平方公分。

最後，計算正圓錐整體的表面積得到

正圓錐整體的表面積

$=$ 圓形的底面積 $+$ 正圓錐斜邊的表面積

$= \pi \times 5^2 + 65\pi$

$= 25\pi + 65\pi$

$= 90\pi$ 平方公分。

底下是一個有關圓錐平台的例子。

例題 7.3.6

試計算下圖圓錐平台的體積和表面積。(單位:公分)

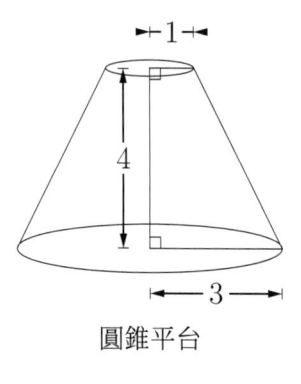

圓錐平台

圖 7.3.11

首先,按照三角形的比例把被移走的小正圓錐還原,得到下面完整的正圓錐。

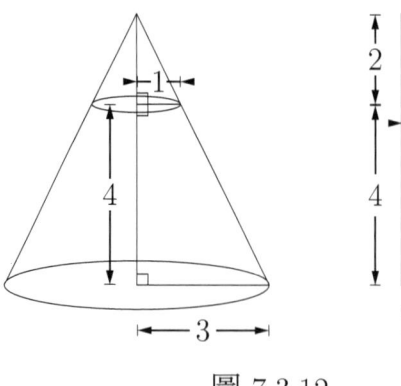

圖 7.3.12

## §7.3 錐體

所以得到

 圓錐平台的體積

 $= $ 大正圓錐的體積 $-$ 小正圓錐的體積
 $= \dfrac{1}{3} \times (\pi \times 3^2) \times 6 - \dfrac{1}{3} \times (\pi \times 1^2) \times 2$
 $= 18\pi - \dfrac{2}{3}\pi$
 $= \dfrac{52}{3}\pi$ 立方公分。

至於圓錐平台的表面積，我們需要先計算大正圓錐側邊展開後之扇形的半徑為 $\sqrt{3^2 + 6^2} = \sqrt{45} = 3\sqrt{5}$，以及小正圓錐側邊展開後之扇形的半徑為 $\sqrt{1^2 + 2^2} = \sqrt{5}$。接著再仿照例題 7.3.5 計算圓錐平台的側面積如下：

 圓錐平台的側面積

 $=$ 大正圓錐的側面積 $-$ 小正圓錐的側面積
 $= \dfrac{2 \times \pi \times 3}{2 \times \pi \times \sqrt{45}} \times (\pi \times (\sqrt{45})^2)$
  $- \dfrac{2 \times \pi \times 1}{2 \times \pi \times \sqrt{5}} \times (\pi \times (\sqrt{5})^2)$
 $= 3\sqrt{45}\pi - \sqrt{5}\pi$
 $= 9\sqrt{5}\pi - \sqrt{5}\pi$
 $= 8\sqrt{5}\pi$ 平方公分。

所以，得到

圓錐平台的表面積
= 上底圓的面積 + 下底圓的面積
  + 圓錐平台的側面積
$= \pi \times 1^2 + \pi \times 3^2 + 8\sqrt{5}\pi$
$= \pi + 9\pi + 8\sqrt{5}\pi$
$= 10\pi + 8\sqrt{5}\pi$ 平方公分。

## 練習 7.3

1. 假設有一個角錐其底面積為 12 平方公分，高為 8 公分，試問其體積為多少立方公分？
2. 假設有一個角錐其底面積為 20 平方公分，體積為 60 立方公分，試問其高為多少公分？
3. 假設有一個角錐其體積為 40 立方公分，高為 15 公分，試問其底面積為多少平方公分？
4. 假設有一個角錐其底為一個邊長 15 公分的正方形。若高為 11 公分，試問其體積為多少立方公分？
5. 假設有一個角錐其底為一個邊長 10 公分的正三角形。若高為 20 公分，試問其體積為多少立方公分？
6. 假設有一個圓錐其底為一個半徑 10 公分的圓形。若高為 12 公分，試問其體積為多少立方公分？

§7.3　錐體

7. 假設有一個正三角錐其底為一個邊長 6 公分的正三角形。若高為 4 公分，試問其體積為多少立方公分？表面積為多少平方公分？
8. 假設有一個正四角錐其底為一個邊長 4 公分的正方形。若高為 4 公分，試問其體積為多少立方公分？表面積為多少平方公分？
9. 假設有一個正四角錐其底為一個邊長 2 公分的正方形。若高為 7 公分，試問其體積為多少立方公分？表面積為多少平方公分？
10. 試計算下列正圓錐的體積與表面積。（單位：公分）

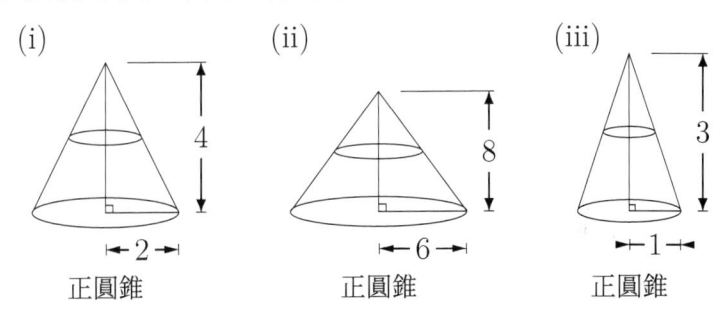

(i) 正圓錐　高 4，底半徑 2
(ii) 正圓錐　高 8，底半徑 6
(iii) 正圓錐　高 3，底半徑 1

11. 試計算下列圓錐平台的體積與表面積。（單位：公分）

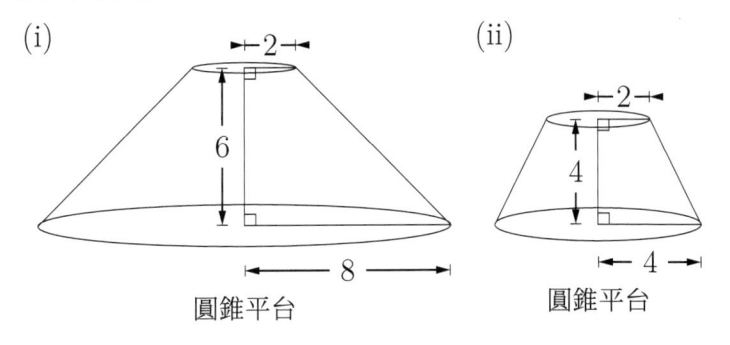

(i) 圓錐平台　上半徑 2，高 6，下半徑 8
(ii) 圓錐平台　上半徑 2，高 4，下半徑 4

## §7.4 容積

在這一節裡，我們要講解容積的概念。**容積**，簡單地說，就是一個容器裡面可以裝東西那一部分的體積。因此，我們便無需再對容積的計算做重複的講解。但是由於容積的概念和我們日常生活息息相關，所以我們也給容積定義一套它自己的單位，像公秉、公升、公合和毫公升等等。其中 1 公秉等於 1000 公升，1 公升等於 10 公合，1 公合等於 100 毫公升，所以 1 公升也等於 1000 毫公升。這些容積的單位和體積的單位則有以下的關係：

$$1\text{公秉} = 1\text{立方公尺，}$$
$$1\text{公升} = 1\text{立方公寸，}$$
$$1\text{毫公升} = 1\text{立方公分。}$$

有了這些容積的概念之後，我們便可以處理平常生活上所遇到一些有關容積的問題。

**例題 7.4.1**

假設有一個木製的無蓋長方體箱子，其外觀長為 42 公分，寬為 22 公分，高為 31 公分。若木材的厚度為 1 公分，試問此長方體箱子的容積為多少立方公分？

這個問題的重點在於計算容積時，我們需要知道箱子內緣的大小，所以必須把做箱子之木材的厚度扣

## §7.4 容積

掉。由於此箱子是無蓋的，所以內緣的高度等於外觀的高度減掉底部木材的厚度得 $31 - 1 = 30$ 公分。至於內緣的長與寬分別自外觀的長與寬減掉兩邊木材的厚度，所以分別是長為 $42 - 2 = 40$ 公分，寬為 $22 - 2 = 20$ 公分。因此容積為 $40 \times 20 \times 30 = 24000$ 立方公分，亦即 24 立方公寸或公升。

**例題 7.4.2**

假設有一個木製的有蓋長方體箱子，當蓋上蓋子後其內緣為長 62 公分，寬 33 公分，高 28 公分。現在想要在箱子裡平整堆放邊長為 5 公分的木製小正方塊並蓋上蓋子，試問此長方體箱子總共最多可以放進幾個小正方塊？

因為最後箱子是要蓋上蓋子的，因此堆放後小正方塊的高度不可以超過 28 公分，所以最多可以堆放 5 層。同樣的道理，長與寬分別最多可以堆放 12 與 6 排。由此就可以知道這個長方體箱子總共最多可以放進 $12 \times 6 \times 5 = 360$ 個小正方塊。

**例題 7.4.3**

假設有一個塑膠做成的無蓋長方體容器，其內緣為長 40 公分，寬 25 公分，高 30 公分。現在容器內盛有

水,深 15 公分。當容器內置入一完全沒入水中的鐵塊後,待水面靜止時我們發現水深變成 18 公分。試問此鐵塊的體積為多少立方公分?

這個問題的關鍵在於我們假設鐵塊是完全沒入水中,否則就無法對這個問題求解。在鐵塊完全沒入水中的假設之下,鐵塊的體積就會等於水位上升那一部分所增加的體積,因此鐵塊的體積等於 $40 \times 25 \times (18 - 15) = 40 \times 25 \times 3 = 3000$ 立方公分。

## 練習 7.4

1. 假設有一個玻璃做成的無蓋水族箱,其外觀長為 62 公分,寬為 37 公分,高為 41 公分。若玻璃的厚度為 1 公分,試問此水族箱的容積為多少立方公分?

2. 假設有一個木製的有蓋長方體箱子,當蓋上蓋子後其內緣為長 52 公分,寬 28 公分,高 36 公分。現在想要在箱子裡平整堆放邊長為 3 公分的木製小正方塊並蓋上蓋子,試問此長方體箱子總共最多可以放進幾個小正方塊?

3. 假設有一個木製的有蓋長方體箱子,當蓋上蓋子後其內緣為長 40 公分,寬 22 公分,高 16 公分。現在想要在箱子裡平整堆放邊長為 2 公分的木製小正方塊並蓋上蓋子,試問此長方體箱子總共最多可以放進幾個小

§7.4 容積

正方塊？

4. 假設有一個玻璃做成的無蓋長方體容器，其內緣為長 55 公分，寬 27 公分，高 33 公分。現在有一個容積為 15 立方公分的杯子，試問在此長方體容器內總共最多可以倒進幾整杯的水？

5. 假設有一個玻璃做成的容器，其容積為 1500 立方公分。現在有一個杯子其內部可以裝水的部份是一個邊長為 4 公分的立方體空間，試問在此容器內總共最多可以倒進幾整杯的水？

6. 假設有一個塑膠做成的無蓋長方體容器，其內緣為長 50 公分，寬 28 公分，高 20 公分。現在容器內盛有水，深 12 公分。若容器內放進一個邊長為 10 公分的鐵製正方塊，試問此時容器內的水深為多少公分？

7. 假設有一個塑膠做成的無蓋長方體容器，其內緣為長 20 公分，寬 15 公分，高 12 公分。現在容器內盛有水，深 10 公分。當容器內置入一鐵塊時，我們發現鐵塊完全沒入水中且水溢出來 0.5 公升，試問此鐵塊的體積為多少立方公分？

# 第 8 章
# 應用問題

在這一章中,我們將討論一些生活上常碰到的應用問題。運用我們在前面所學到的數學知識與技巧,這些問題通常能迎刃而解。底下我們將逐一說明這些問題的由來以及處理的方法。

## §8.1 時間問題

時間問題是加、減、乘、除的一個簡單應用,唯一的差別就是它不再是十進位。我們只要記得一天有 24 小時,每小時有 60 分鐘,每分鐘有 60 秒,就行了。所以,1.4 小時是等於 1 小時又 $0.4 \times 60 = 24$ 分鐘,而不是 1 小時又 $0.4 \times 100 = 40$ 分鐘;90 秒是等於 $90 \div 60 = 1.5$ 分鐘,而不是 $90 \div 100 = 0.9$ 分鐘。

> **例題 8.1.1**

試問 5882 秒等於幾小時又幾分鐘和幾秒？

首先，我們把 5882 除以 60 得商數 98 和餘數 2，這表示 5882 秒等於 98 分鐘又 2 秒。接著，再把 98 除以 60 得商數 1 和餘數 38，表示 98 分鐘等於 1 小時又 38 分鐘。因此，5882 秒等於 1 小時 38 分鐘又 2 秒。

> **例題 8.1.2**

試問從早上 8 點 10 分開始到下午 4 點 30 分為止，共經過了幾小時又幾分鐘？

首先，從早上 9 點開始到下午 4 點為止，共經過了 7 小時。另外，從早上 8 點 10 分開始到早上 9 點，經過了 50 分鐘，下午 4 點開始到下午 4 點 30 分為止，又經過了 30 分鐘。所以，總共經過了 7 小時又 $50 + 30 = 80$ 分鐘，也就是，8 小時又 20 分鐘。

> **例題 8.1.3**

假設一部機器每分鐘可以生產 100 支牙刷。現在，我們以十部機器同時生產，試問共需多少時間才能生產十萬支牙刷？

因為以十部機器同時生產，若欲生產十萬支牙刷，

§8.1 時間問題

共需

$$(100000 \div 100) \div 10 = 1000 \div 10 = 100$$

分鐘，也就是，1 小時又 40 分鐘。

## 練習 8.1

1. 假設一部機器每分鐘可以生產 10 罐可樂。現在，我們以十部機器同時運轉生產 8 小時，試問總共可以生產幾罐可樂？
2. 試問 4 小時 8 分鐘又 24 秒總共等於幾秒？
3. 試問 7648 秒等於幾小時又幾分鐘和幾秒？
4. 試問從早上 6 點 40 分開始到下午 5 點 20 分為止，共經過了幾小時又幾分鐘？
5. 試問從早上 10 點 10 分開始到隔天下午 3 點 20 分為止，共經過了幾小時又幾分鐘？
6. 假設一部機器每分鐘可以生產 15 雙鞋子。現在，我們以五部機器同時生產，試問共需多少時間才能生產十五萬雙鞋子？
7. 假設一部機器每分鐘可以生產 5 瓶果汁。現在，我們以三部機器同時運轉生產 10 小時，試問總共可以生產幾瓶果汁？

## §8.2　流水問題

當我們坐船沿著一條河往返甲、乙兩地時，常常會覺得往返所花的時間並不一樣。這裡我們假設船行駛的速度，在沒有外力的影響下，亦即靜水船速，是一樣的。那麼到底是什麼因素造成往返所花的時間不一樣？為了簡化問題，我們不妨假設一切都是在所謂的理想狀況之下，也就是說，除了流水速度外，其他的因素像風速、... 等等，我們都不予以考慮。因此在這種情況之下，能影響行船時間的條件，很明顯地也就只有流水速度了。

當船順流而下時，由於流水也在幫忙推著船走，所以實際上船相對於陸地的行駛速度應該等於靜水船速加上流水的速度。反之，當船逆流而上時，流水是在把船往後推，所以此時船相對於陸地的行駛速度，應該是要比靜水船速還要慢的，它等於靜水船速減去流水的速度。有了這層認識之後，就不難理解為什麼往返所花的時間會不一樣。而且，我們也可以很容易地算出往返所需的時間，只要把距離除以船實際上相對於陸地的行駛速度就行了。

### 例題 8.2.1

假設靜水船速每小時 45 公里，河水流速每小時 5 公里。若沿著河岸甲、乙兩地相隔 80 公里，且河水由甲地流向乙地。試問船往返甲、乙兩地各需多少小時？

## §8.2 流水問題

由甲地前往乙地，船是順流而下。所以實際上船相對於陸地的行駛速度是每小時 $45+5=50$ 公里。因此，船由甲地開往乙地需

$$80 \div 50 = 1.6$$

小時。當船由乙地開往甲地時，是逆流而上。所以實際上船相對於陸地的行駛速度是每小時 $45-5=40$ 公里。因此，船由乙地開往甲地需

$$80 \div 40 = 2$$

小時。

## 練習 8.2

1. 假設靜水船速每小時 15 公里，河水流速每小時 10 公里。若沿著河岸甲、乙兩地相隔 60 公里，且河水由甲地流向乙地。試問船往返甲、乙兩地各需多少小時？
2. 假設靜水船速每小時 10 公里，河水流速每小時 5 公里。若沿著河岸甲、乙兩地相隔 40 公里，且河水由甲地流向乙地。試問船往返甲、乙兩地各需多少小時？
3. 假設靜水船速每小時 25 公里，甲、乙兩地沿著河岸相隔 90 公里，且河水由甲地流向乙地。若船由甲地開往乙地需要 3 小時。試問河水流速每小時幾公里？

4. 假設靜水船速每小時 15 公里，甲、乙兩地沿著河岸相隔 60 公里，且河水由甲地流向乙地。若船由乙地開往甲地需要 6 小時。試問船由甲地開往乙地需要多少小時？

5. 假設靜水船速每小時 20 公里，甲、乙兩地沿著河岸相隔 75 公里，且河水由甲地流向乙地。若船由乙地開往甲地所需的時間為船由甲地開往乙地所需時間的 $\frac{5}{3}$ 倍。試問河水流速每小時幾公里？

## §8.3 植樹問題

植樹問題在數學上其實就是一個等分的問題。當我們看到路邊整齊排列的樹木和路燈，在欣賞之餘，能否算算看這一段路到底種了幾棵樹？或者是這一座橋上到底安裝了幾盞路燈？一個一個去數，當然是可以，不過並不是一個好辦法。如果我們知道此段路的距離，問題就變得比較容易處理。我們只要量一下兩棵樹之間的間距，再把此段路的距離除以樹與樹之間的間距就差不多了。最後，我們只要注意道路的兩端是否都有植樹？如果是的話，就必須把剛剛除得的數加一。反之，若兩端都沒有植樹，則必須把剛剛除得的數減一。假如道路的兩邊都有植樹，再把所得的數目乘以二就可以了。當然在這裡一個共識就是樹與樹之間的間距是假設為一樣大的，否則就不能這麼做了。

## §8.3 植樹問題

**例題 8.3.1**

有一座橋長 800 公尺,現在每 20 公尺欲安裝一盞路燈。如果兩邊及兩端都要安裝的話,試問總共需要安裝幾盞路燈?

因為兩邊及兩端都要安裝,所以總共需要安裝

$$(800 \div 20 + 1) \times 2 = 41 \times 2 = 82$$

盞路燈。

**例題 8.3.2**

有一段道路長 1.8 公里,現在想要在路中間的分隔島上每 20 公尺種植一棵路樹。若路的兩端並不準備植樹,試問總共需要種植多少棵樹?

因為只在路中間的分隔島上種一排樹,且路的兩端不植樹,所以共需種植

$$1800 \div 20 - 1 = 90 - 1 = 89$$

棵樹。

另外我們必須順便一提的是,若在一個圓周上把物件做等距的排列,由於圓周上沒有起點、終點之分,所以這個時候的總排列數就直接等於圓周長除以物件的間距。

> **例題 8.3.3**
>
> 在一個周長為 3 公尺的圓桌邊上，若欲每 30 公分等距地排上完全一樣的杯子，試問總共可以排幾個杯子？
>
> 因為沒有起點、終點之分，所以總共可以等距地在圓桌邊上排
>
> $$300 \div 30 = 10$$
>
> 個杯子。

## 練習 8.3

1. 有一段高速公路長 8 公里，在路的兩邊每隔 40 公尺欲安裝一盞路燈。如果兩邊及兩端都要安裝的話，試問總共需要安裝幾盞路燈？

2. 有一段鄉村道路長 1.8 公里，現在想要在路的右邊每 10 公尺種植一棵樹。若路的兩端並不準備植樹，試問總共需要種植多少棵樹？

3. 有一座橋長 1200 公尺，現在每 20 公尺欲安裝一盞路燈。如果兩邊及兩端都要安裝的話，試問總共需要安裝幾盞路燈？

4. 在一個周長為 40 公尺的圓形水池邊上，若欲每 50 公分等距地立上完全一樣的柱子，試問總共可以立幾根柱子？

5. 在一個周長為 2 公尺的圓桌邊上，若欲每 40 公分等距地排上完全一樣的筷子，試問總共可以排幾雙筷子？

## §8.4 火車過橋問題

在小時候,當一列很長很長的火車通過一座橋時,除了場面很壯觀之外,我們也常常會好奇地問:火車需要多少時間才能通過這一座橋?這其實是一個相當容易的數學問題,只是在回答這個問題之前,我們必須先弄清楚「通過」的意思。一般而言,我們所謂「通過」是指火車車身完全通過橋才算「通過」。因此,火車過橋所需的時間,必須自火車開始上橋那一剎那起算,一直到火車車尾離開橋才停止計算。所以,很明顯地可以看出,如果我們假設火車是以定速在行駛,火車過橋所需的時間就等於橋長加上火車車身長的總長度除以火車的車速。當然,在敘述問題時,我們也是可以把火車用汽車取代,而橋用隧道取代之,亦無不可。

**例題 8.4.1**

試問一輛車身長 200 公尺的火車,以每秒行駛 30 公尺的速度,自開始過橋至完全通過一座長 1300 公尺的橋,需要多少秒?

根據我們的討論,火車過橋共需時

$$(1300 + 200) \div 30 = 1500 \div 30 = 50$$

秒。

## 練習 8.4

1. 假設一輛車身長 25 公尺的電聯車，以每秒行駛 5 公尺的速度，用了 50 秒通過一座橋。試問此座橋長多少公尺？
2. 試問一輛車身長 100 公尺的火車，以每秒行駛 10 公尺的速度，自開始進入隧道至完全通過一座長 2 公里的隧道，需要多少秒？
3. 試問一輛車身長 5 公尺的汽車，以每秒行駛 10 公尺的速度，自開始過橋至完全通過一座長 640 公尺的橋，需要多少秒？
4. 假設一輛車身長 45 公尺的區間車，以每秒行駛 8 公尺的速度，用了 60 秒通過一座隧道。試問此隧道長多少公尺？
5. 假設一輛車身長 40 公尺的火車，用了 50 秒以定速通過一座長 1460 公尺的橋。試問此火車的秒速為多少公尺？

## §8.5 雞兔同籠問題

在日常生活上，我們常會碰到一些問題，它是可以用簡單的數學來找出答案的。比如說，有雞和兔子各數隻，如果知道它們的總隻數和總腳數，試問能否算出雞和兔子各有幾

## §8.5 雞兔同籠問題

隻?這就是所謂的**雞兔同籠問題**。在這裡雞的隻數和兔子的隻數為二個我們想知道的未知數,而已知的條件則為它們的總隻數和總腳數。也就是說,在有二個已知的條件之下,我們希望能找出二個未知數的大小。類似的問題在數學上就是要對一個「二元一次」的聯立方程組求解,「元」在這裡就是代表所謂的未知數,「聯立」則表示現在有二個已知的條件,也就是二個一次方程式。下面我們用例子來說明如何把問題轉化成數學式子,並且找出它的答案。

### 例題 8.5.1

假設雞兔同籠共有隻數 12 隻,腳數共有 34 隻。試問雞和兔子各有幾隻?

首先,我們以 $C$ 來表示雞的隻數,以 $R$ 來表示兔子的隻數。因為每隻雞有 2 隻腳,每隻兔子有 4 隻腳,所以雞的總腳數就是 $2C$,而兔子的總腳數就是 $4R$。因此,由題意馬上可以得到

$$C + R = 12, \qquad (8.5.1)$$
$$2C + 4R = 34。 \qquad (8.5.2)$$

現在,我們要如何由上面二個式子來算出 $C$ 和 $R$?辦法就是先消去其中一個未知數 $C$ 或 $R$。如果想

先消去 $C$，我們把 (8.5.1) 式兩邊分別乘以 2，就得到

$$2C + 2R = 24，\qquad (8.5.3)$$

$$2C + 4R = 34。\qquad (8.5.2)$$

這個時候，將 (8.5.2) 式的左邊減去 (8.5.3) 式的左邊，(8.5.2) 式的右邊減去 (8.5.3) 式的右邊，所以得到

$$2R = 10。$$

因此，$R = 5$，亦即兔子有 5 隻。接著由 (8.5.1) 式，很容易算出 $C = 7$，所以雞有 7 隻。這就是我們要找的答案。當然，在運算的過程裡，我們也可以先消去未知數 $R$，做法如下：把 (8.5.1) 式兩邊分別乘以 4，得到

$$4C + 4R = 48，\qquad (8.5.4)$$

$$2C + 4R = 34。\qquad (8.5.2)$$

再如上所述，將 (8.5.4) 式減去 (8.5.2) 式，得到

$$2C = 14。$$

所以，$C = 7$。同樣地，再利用 (8.5.1) 式，算出 $R = 12 - 7 = 5$。因此，不論我們先消去哪一個未知數，最後所得到的答案都是一樣的。

## §8.5 雞兔同籠問題

　　從上面的說明，不難看出雞、兔子只是這個問題的代名詞，隻數和腳數也不是重點。主要的關鍵乃在於這二種動物它們隻數、腳數比值的不同。以雞來說，隻數、腳數的比值為 1 比 2，而兔子的隻數、腳數比值為 1 比 4。由於這二個比值的不同，我們才能把雞和兔子的隻數找出來。所以，雞兔同籠的問題也可以用汽車與機車來敘述，汽車的車數與輪子數之比值為 1 比 4，而機車的車數與輪子數之比值為 1 比 2。當然，以三輪車和腳踏車來作例子，也是可以的，此時車數與輪子數之比值分別為 1 比 3 和 1 比 2。

## 練習 8.5

1. 假設雞兔同籠共有隻數 15 隻，腳數共有 34 隻。試問雞和兔子各有幾隻？
2. 假設雞兔同籠共有隻數 20 隻，腳數共有 64 隻。試問雞和兔子各有幾隻？
3. 假設雞兔同籠共有隻數 21 隻，腳數共有 54 隻。試問雞和兔子各有幾隻？
4. 假設汽車與機車共有 11 輛，且輪子共有 38 個。若每輛汽車有 4 個輪子，每輛機車有 2 個輪子，試問汽車與機車各有幾輛？
5. 假設汽車與機車共有 23 輛，且輪子共有 62 個。若每輛汽車有 4 個輪子，每輛機車有 2 個輪子，試問汽車與機車各有幾輛？

6. 假設汽車與機車共有 31 輛，且輪子共有 102 個。若每輛汽車有 4 個輪子，每輛機車有 2 個輪子，試問汽車與機車各有幾輛？

7. 假設三輪車與腳踏車共有 11 輛，且輪子共有 28 個。若每輛三輪車有 3 個輪子，每輛腳踏車有 2 個輪子，試問三輪車與腳踏車各有幾輛？

8. 假設三輪車與腳踏車共有 23 輛，且輪子共有 56 個。若每輛三輪車有 3 個輪子，每輛腳踏車有 2 個輪子，試問三輪車與腳踏車各有幾輛？

9. 假設三輪車與腳踏車共有 18 輛，且輪子共有 45 個。若每輛三輪車有 3 個輪子，每輛腳踏車有 2 個輪子，試問三輪車與腳踏車各有幾輛？

10. 假設三輪車與腳踏車共有 34 輛，且輪子共有 82 個。若每輛三輪車有 3 個輪子，每輛腳踏車有 2 個輪子，試問三輪車與腳踏車各有幾輛？

## §8.6　排列組合

　　物件的排列與組合是我們日常生活中常會碰到的一些問題。這裡我們以數字來做初步的探討。最簡單的情形就是在單一空格內，填入不同的數字，這個時候有幾個不同的數字，就有幾種不同的填法。接下來，我們以如何形成一個二位數來做更進一步的說明。大家都知道一個二位數是由二個

## §8.6 排列組合

數字所形成。如果我們現在想用 1 和 2 來形成一個二位數，可以有幾種方式？首先，我們必須把題意說得更清楚一些，因為它包含有二種不同的意義。第一種情況是十位數與個位數都可以填入 1 和 2，也就是說數字是可以重複使用的。如此，我們可以排出四個二位數 11、12、21、22。但是第二種情況則要求一旦某個數字被使用過，就不能再使用它。因此，十位數如果填入 1，那麼個位數就不能再填 1，只能填 2。以這種方式來填，我們只能得到二個二位數 12 和 21。所以，在數字可以重複使用和不能重複使用的二種不同的條件之下，我們能得到數字的排列組合也是不一樣的。

### 例題 8.6.1

以 1 至 9 共九個數字來形成一個 5 位數，若數字可以重複使用，有幾種方式？若數字不能重複使用，有幾種方式？

當數字可以重複使用時，這個問題很容易。因為每一位數都可以填入 1 至 9 中任何一個數，所以，共有

$$9 \times 9 \times 9 \times 9 \times 9 = 9^5 = 59049$$

種方式。若數字是不允許重複使用時，我們可以先從最大的一位數開始討論。以此例題來說，就是萬位數。毫無疑問地，最大位數可以填 1 至 9 中任何一個數。因此，最大位數共有 9 種選擇。當最大位數的數字選

定之後，我們只剩下 8 個數字可以用。基於同樣的理由，次大位數，也就是千位數，就只有 8 種選擇。依此類推，百位數有 7 種選擇，十位數有 6 種選擇，個位數則有 5 種選擇。選擇的可能性逐次下降，每次減少一個可能的選擇。所以，這個 5 位數共有

$$9 \times 8 \times 7 \times 6 \times 5 = 15120$$

種不同的排列組合方式。

**例題 8.6.2**

四位同學甲、乙、丙、丁，自左至右排成一列，共有幾種排法？

由於人是不能重複再排的，因此，共有

$$4 \times 3 \times 2 \times 1 = 24$$

種排法。

**例題 8.6.3**

假設一個袋子中裝有 10 個大小一致，但顏色不同的球。試問從其中任意取出二個球會產生幾種可能的顏色組合？

首先，如果我們每次取出一個球，且把出現的順

§8.6　排列組合

序也考慮進來的話，那麼就會有 $10 \times 9 = 90$ 種不同的組合。但是當我們只考慮最後的顏色組合時，這些顏色出現的順序就不再重要。所以我們必須把前面 90 種組合再除以 2，因此總共只會有 $90 \div 2 = 45$ 種不同的顏色組合。

我們接下來討論圓周上的排列組合。這種情形和直線上的排列有所不同，主要是因為圓形有旋轉對稱的性質，沒有所謂起始點、終點之分。比如說，當我們把三個英文字母 $A$、$B$、$C$ 等距地排在圓周上，由於旋轉對稱的緣故，我們把底下的三種排列視為一樣。

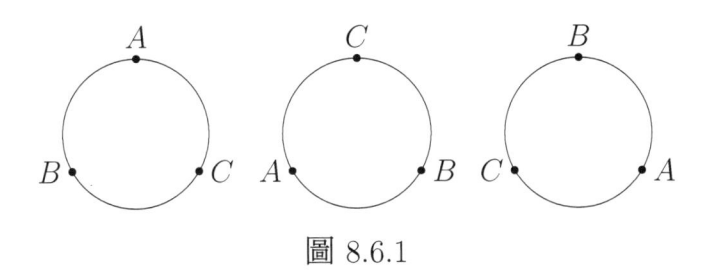

圖 8.6.1

因此，當我們把 $k$ 個不同的物件在圓周上做等距排列時，我們可以把其中任何一個物件放在圓周上的任何地方，而且這樣的動作是視為唯一的選擇。主要是因為在排列時，該物件不管如何總是會被排在圓周上的某個位置，再經由旋轉，必然會被轉到現在它所在的位置。接著以此物件作為參考點，再把剩下來的 $k-1$ 個物件排上去。這個時候就有左

右之分了，排列的方式也和直線上的排列一樣。因此，我們共得到

$$(k-1) \times (k-2) \times \cdots \times 2 \times 1 = (k-1)!$$

種不同的排列方式。符號 $(k-1)!$ 唸作 $k-1$ 階乘。

**例題 8.6.4**

若要把 6 個完全一樣，但是顏色不同的杯子，等距排在圓桌邊上，試問共有幾種不同的排法？

由於旋轉對稱的緣故，先隨便排上一個杯子，接著就如同在直線上做等距的排列一樣，共有

$$5! = 5 \times 4 \times 3 \times 2 \times 1 = 120$$

種不同的排列方式。

**例題 8.6.5**

假設有 6 個完全一樣的杯子，其中顏色為紅、橙、黃、綠的各有一個，藍色的杯子則有 2 個。若要把它們等距排在圓桌邊上，試問共有幾種不同的排法？

對於這個問題，我們可以先把一個藍色的杯子，想像成黑色。則 6 個杯子就有 6 種不同的顏色。因此，由例題 8.6.4 知道，此時共有 120 種不同的排法。不過我們注意到，若把紅、橙、黃、綠 4 個杯子的位

置固定,而把藍色和假想的黑色杯子對調,便可以得到 120 種排列中之 2 種不同的排列方式。然而,事實上這二個杯子都是藍色,彼此的對調並不會產生不同的排列方式。因此,對於此題我們真正能得到之不同的排列方式,只有

$$120 \div 2 = 60$$

種。

## 練習 8.6

1. 假設從一副撲克牌中隨意抽出二張牌,試問這二張牌可以有多少種不同的組合?
2. 假設把一副撲克牌中的 13 張黑桃放在一起,再從其中隨意抽出三張牌,試問這三張牌可以有多少種不同的組合?
3. 假設有 5 個阿拉伯數字的塑膠字形 1、2、3、4、5。試問共可以排出幾個不同的 5 位數?
4. 假設有 4 個阿拉伯數字的塑膠字形 1、2、3、3。試問共可以排出幾個不同的 4 位數?
5. 若要把 7 雙完全一樣,但顏色不同的筷子,等距排在圓桌邊上,試問共有幾種不同的排法?
6. 小明和爸爸、媽媽、妹妹及外公、外婆共 6 人,圍著圓桌吃晚飯。若不考慮彼此之間的距離、姿勢等因素,

試問共有幾種不同的坐法？

7. 若要把 4 個完全一樣，但是顏色分別為紅、黃、綠、綠的杯子，等距排在圓桌邊上，試問共有幾種不同的排法？

8. 若要把 4 個完全一樣，但是顏色分別為白、白、白、黑的杯子，等距排在圓桌邊上，試問共有幾種不同的排法？

# §8.7　韓信點兵

　　韓信點兵又稱為**中國剩餘定理**。相傳漢高祖劉邦在西楚霸王項羽自盡於烏江，一統天下後，開始猜忌功臣。是以設計在巡狩雲夢大澤時，要趁機捉拿韓信。於是大漢皇帝劉邦單刀直入地問道：卿部下有多少士卒？韓信答說：兵不知其數，每 3 人一列餘 1 人，每 5 人一列餘 2 人，每 7 人一列餘 4 人，每 13 人一列餘 6 人，……。劉邦聽完後，一臉茫然，不知其數。由於無法洞悉韓信身邊所帶士兵之多寡，以至於不敢冒然採取行動。而韓信也得以藉由深奧的數學對話，化解危機。後來在《孫子算經》中也有類似的記載：

　　　　今有物不知其數，三三數之賸二，五五
　　　數之賸三，七七數之賸二，問物幾何？

　　現在，我們如果把韓信點兵這個問題轉化成數學語言，它其實就是一個同餘數的問題。也就是說，有一個正整數我

## §8.7 韓信點兵

們不知道它是多大,只知道以 3 除之得餘數 2,以 5 除之得餘數 3,以 7 除之得餘數 2。試問此正整數可能是多少?若我們以 $X$ 來表示此正整數,則由題意得到

$$X \equiv 2 \quad (模\ 3),$$
$$X \equiv 3 \quad (模\ 5),$$
$$X \equiv 2 \quad (模\ 7)。$$

對於這個問題,我們可以給予一個完整的解答。但是,首先我們必須注意到的是出現在這個問題裡的三個除數是彼此互質的,也就是說,它們彼此的最大公因數都是 1,亦即,$\gcd(3,5) = 1$,$\gcd(3,7) = 1$,$\gcd(5,7) = 1$。如果不是的話,這個問題可能會無解。我們以下面的例子來說明。

**例題 8.7.1**

試問是否存在一個正整數 $X$ 滿足:以 3 除之得餘數 2,以 4 除之得餘數 3,以 8 除之得餘數 1?

由第三個條件,以 8 除以 $X$ 得餘數 1,我們馬上可以知道 $X = 8N + 1$,其中 $N$ 為零或一個正整數。但是,這也表示 $X$ 除以 4 的餘數還是 1,不可能是 3。所以這個命題顯然無解,其關鍵就在於 4 整除 8,它們彼此是沒有互質的。

接著,我們證明一個關鍵的性質。

> **定理 8.7.2**
>
> 假設 $M$、$N$ 為二個彼此互質的正整數。則存在一個正整數 $A$ 使得 $AM \equiv 1$ (模 $N$)。

**證明：** 因為 $\gcd(M, N) = 1$，所以由定理 2.4.1 知道，存在二個整數 $C$、$D$ 使得 $CM + DN = 1$，其中整數 $C$ 可能是負的。由此，便得到 $CM \equiv 1$ (模 $N$)，或者更一般的情形

$$(C + PN)M \equiv 1 \quad (模\ N)，$$

其中 $P$ 為一整數。因此，我們只要取 $P$ 為一個夠大的正整數，就可以使 $C + PN$ 成為一個正整數。證明完畢。  □

一旦有了上述的定理，我們就可以說明如何來得到中國剩餘定理。

> **定理 8.7.3：中國剩餘定理**
>
> 假設 $M$、$N$、$L$ 為三個彼此互質的正整數。若隨意指定三個正整數 $a$、$b$ 和 $c$ 滿足 $a < M$、$b < N$ 和 $c < L$，則存在一個正整數 $X$ 使得
>
> $$X \equiv a \quad (模\ M)，$$
> $$X \equiv b \quad (模\ N)，$$
> $$X \equiv c \quad (模\ L)。$$

## §8.7 韓信點兵

**證明：** 因為我們假設 $M$、$N$、$L$ 為三個彼此互質的正整數，所以，$\gcd(M, NL) = 1$。因此，由定理 8.7.2 知道，存在一個正整數 $A$ 使得 $ANL \equiv 1$ (模 $M$)。同樣的道理，也存在正整數 $B$、$C$ 使得 $BML \equiv 1$ (模 $N$) 和 $CMN \equiv 1$ (模 $L$)。因此，

$$X = aANL + bBML + cCMN$$

就是一個解。道理很簡單，因為當 $X$ 除以 $M$ 時，第二項和第三項都不會留下餘數。至於第一項，根據 $A$ 的選取，我們有 $a \equiv a$ 和 $ANL \equiv 1$ (模 $M$)，所以經由定理 2.3.2 便得到

$$X = aANL + bBML + cCMN$$
$$\equiv aANL \quad (模\ M)$$
$$\equiv a \quad (模\ M)。$$

至於其他二種情形，依此類推就可以了。證明完畢。 □

因此，在 $M$、$N$、$L$ 為三個彼此互質的正整數假設之下，中國剩餘定理是保證有一個正整數解 $X$。如此，對於任意一整數 $k$，整數 $X + kMNL$ 也會滿足定理 8.7.3 中同餘的結論。現在，我們回到本節一開始所提的問題。

**例題 8.7.4**

試問是否存在一個正整數 $X$ 滿足：以 3 除之得餘數 2，以 5 除之得餘數 3，以 7 除之得餘數 2？若再要求

此整數大於零且不大於 500 時，試問最小的可能為多少？最大的可能為多少？

因為 3、5、7 是彼此互質的正整數，依據定理 8.7.2，可以找到

$$70 = 2 \times 5 \times 7 \equiv 1 \quad (模\ 3),$$
$$21 = 1 \times 3 \times 7 \equiv 1 \quad (模\ 5),$$
$$15 = 1 \times 3 \times 5 \equiv 1 \quad (模\ 7)。$$

所以，

$$X = 2 \times 70 + 3 \times 21 + 2 \times 15 = 140 + 63 + 30 = 233$$

就是一個解。

當 $k$ 為任意一整數時，整數 $233 + k \times 3 \times 5 \times 7 = 233 + 105k$ 也會有一樣的同餘性質。因此，若要求此整數大於零且不大於 500 時，它只可能是 23、128、233、338 和 443。因此，最小的可能為 23，最大的可能為 443。

## 練習 8.7

1. 試問哪幾個正整數滿足底下這些條件：不大於 100，以 2 數之餘 1，以 3 數之餘 1，以 5 數之餘 3？

2. 假設一個正整數不大於 200，以 3 數之餘 1，以 5 數之

## §8.7 韓信點兵

餘 1，以 7 數之餘 2。試問此正整數最小可能為多少？最大可能為多少？

3. 假設一個正整數不大於 150，以 2 數之餘 1，以 3 數之餘 2，以 5 數之餘 1。試問此正整數最小可能為多少？最大可能為多少？

4. 假設一個正整數不大於 320，以 2 數之餘 1，以 3 數之餘 1，以 7 數之餘 3。試問此正整數最小可能為多少？最大可能為多少？

5. 假設一個正整數不大於 1000，以 3 數之餘 2，以 7 數之餘 1，以 11 數之餘 3。試問此正整數最小可能為多少？最大可能為多少？

# 解答

## 第 1 章

### 練習 1.2

1. 9　　2. 9　　3. 13　　4. 13　　5. 17　　6. 14　　7. 16　　8. 19　　9. 23　　10. 23　　11. 22　　12. 24　　13. 39　　14. 52　　15. 79　　16. 85　　17. 97　　18. 144　　19. 337　　20. 521　　21. 263　　22. 795　　23. 629　　24. 888　　25. 525　　26. 567　　27. 706　　28. 1144　　29. 1497　　30. 1082　　31. 8430　　32. 14920　　33. 12163　　34. 7730　　35. 3670　　36. 7813　　37. 7668　　38. 10887　　39. 12623　　40. 12332　　41. 363705　　42. 8855997　　43. 7518420　　44. 6998017　　45. 78311901　　46. 57636070　　47. $52 < 72$　　48. $12 > 8$　　49. $426 > 399$　　50. $888 < 1234$

## 練習 1.3

1. 5　2. 4　3. 5　4. 3　5. 6　6. 1
7. 5　8. 9　9. 6　10. 9　11. 7　12. 6　13. 6　14. 4　15. 4　16. 9　17. 13
18. 13　19. 27　20. 15　21. 28　22. 17
23. 38　24. 36　25. 57　26. 161　27. 189
28. 239　29. 134　30. 91　31. 3150　32. 1212　33. 2823　34. 1694　35. 4474　36. 20008　37. 37197　38. 18140　39. 33850　40. 383419　41. 209950　42. 284730　43. 1702640
44. 490127　45. 1461131　46. 1254925

## 練習 1.4

1. 21　2. 36　3. 15　4. 56　5. 36　6. 12　7. 18　8. 24　9. 45　10. 14　11. 40　12. 28　13. 108　14. 252　15. 415
16. 294　17. 234　18. 240　19. 219　20. 228　21. 180　22. 152　23. 141　24. 248
25. 560　26. 2850　27. 986　28. 2100　29. 1988　30. 1219　31. 1665　32. 1140　33. 1925　34. 1092　35. 2870　36. 2538　37. 3968
38. 37908　39. 6228　40. 26714　41. 40768
42. 8213　43. 29493　44. 21164　45. 40092

解答　235

**46.** 24956　**47.** 22654　**48.** 23751　**49.** 158884
**50.** 85050　**51.** 32130　**52.** 598320　**53.** 255968
**54.** 327328　**55.** 121581　**56.** 376470　**57.** 56430
**58.** 331010　**59.** 226798　**60.** 119548　**61.** 12775224
**62.** 1513064　**63.** 5145296　**64.** 1609280　**65.** 1138428　**66.** 4079667　**67.** 12562004　**68.** 21099108
**69.** 22613832　**70.** 88007044　**71.** 4183353　**72.** 9740205

## 練習 1.5

**1.** 4　**2.** 4⋯餘數 1　**3.** 7⋯餘數 1　**4.** 9　**5.** 5⋯餘數 4　**6.** 4　**7.** 3　**8.** 14　**9.** 8⋯餘數 3　**10.** 16　**11.** 7⋯餘數 5　**12.** 9⋯餘數 4　**13.** 4⋯餘數 6　**14.** 6　**15.** 4　**16.** 5⋯餘數 1　**17.** 3⋯餘數 11　**18.** 3　**19.** 6⋯餘數 4　**20.** 4　**21.** 5⋯餘數 2　**22.** 5　**23.** 2⋯餘數 5　**24.** 3⋯餘數 9　**25.** 11⋯餘數 2　**26.** 23　**27.** 11⋯餘數 20　**28.** 12⋯餘數 23　**29.** 19⋯餘數 8　**30.** 52　**31.** 15⋯餘數 8　**32.** 52⋯餘數 3　**33.** 15⋯餘數 21　**34.** 11⋯餘數 11　**35.** 40⋯餘數 4　**36.** 18⋯餘數 14　**37.** 140⋯餘數 2　**38.** 169⋯餘數 10　**39.** 46　**40.** 201⋯餘數 5　**41.** 185⋯餘數 18　**42.** 141⋯餘數 4　**43.**

23⋯餘數 38　**44.** 143⋯餘數 8　**45.** 130⋯餘數 32　**46.** 154⋯餘數 14　**47.** 551⋯餘數 7　**48.** 232　**49.** 19⋯餘數 160　**50.** 6⋯餘數 198　**51.** 12⋯餘數 108　**52.** 22⋯餘數 128　**53.** 21⋯餘數 12　**54.** 21⋯餘數 108　**55.** 23⋯餘數 46　**56.** 10⋯餘數 347　**57.** 10⋯餘數 176　**58.** 18⋯餘數 98　**59.** 23⋯餘數 55　**60.** 63⋯餘數 111　**61.** 493⋯餘數 20　**62.** 1335⋯餘數 4　**63.** 536⋯餘數 35　**64.** 175⋯餘數 19　**65.** 203⋯餘數 88　**66.** 151⋯餘數 30　**67.** 10288　**68.** 25556⋯餘數 16　**69.** 12433⋯餘數 6　**70.** 1266⋯餘數 125　**71.** 1237⋯餘數 26　**72.** 379⋯餘數 72

# 第 2 章

## 練習 2.1

**1.** 質數有 2、3、7、19、23、53、73、101；合成數有 4、8、12、34、35、66、91、93、110　**2.** 98 的因數有 1、2、7、14、49、98　**3.** 24 的因數有 1、2、3、4、6、8、12、24　**4.** 113 的因數有 1、113　**5.** 246 的因數有 1、2、3、6、41、82、123、246　**6.** 385 的因數有 1、5、7、11、35、55、77、385　**7.** 1068 的因數有 1、2、3、4、6、

解答

12、89、178、267、356、534、1068　　**8.** 24 和 65 的公因數有 1；最大公因數為 1；它們是互質　　**9.** 16 和 50 的公因數有 1、2；最大公因數為 2；它們不是互質　　**10.** 40 和 108 的公因數有 1、2、4；最大公因數為 4；它們不是互質　　**11.** 66 和 343 的公因數有 1；最大公因數為 1；它們是互質　　**12.** 24、36 和 96 的公因數有 1、2、3、4、6、12；最大公因數為 12　　**13.** 40、64 和 104 的公因數有 1、2、4、8；最大公因數為 8　　**14.** 5、25 和 110 的公因數有 1、5；最大公因數為 5　　**15.** 24、60、120 和 132 的公因數有 1、2、3、4、6、12；最大公因數為 12　　**16.** 因為 28 的因數有 1、2、4、7、14、28，且 $1+2+4+7+14=28$，所以 28 為一個完全數

## 練習 2.2

**1.** 12、24、36、48、60　　**2.** 7、14、21、28、35　　**3.** 23、46、69、92、115　　**4.** 16、32、48、64、80　　**5.** 31、62、93、124、155　　**6.** 20、40、60、80、100；lcm(4,10)=20　　**7.** 48、96、144、192、240；lcm(6,16)=48　　**8.** 60、120、180、240、300；lcm(5,12)=60　　**9.** 60、120、180、240、300；lcm(3,4,10)=60　　**10.** 6、12、18、24、30；lcm(2,3,6)=6　　**11.** 220、440、660、880、1100；lcm(4,5,11)=220　　**12.** gcd(12,20)=4，lcm(12,20)=60；$12\times20=240=4\times60$　　**13.** gcd(18,22)=2，lcm(18,22)=198；

$18\times22=396=2\times198$

$32\times40=1280=8\times160$

$46\times72=3312=2\times1656$

**14.** $\gcd(32,40)=8$，$\mathrm{lcm}(32,40)=160$；

**15.** $\gcd(46,72)=2$，$\mathrm{lcm}(46,72)=1656$；

## 練習 2.3

2 的倍數有 10、12、66、782、1100、1320、8132、7604、848176120、2095747286；3 的倍數有 12、66、81、165、1320、3567、4506258933；4 的倍數有 12、1100、1320、8132、7604、848176120；5 的倍數有 10、165、485、1100、1320、848176120、62300461735；11 的倍數有 66、143、165、1100、1320、4477、2519、848176120、4506258933

## 練習 2.4

**1.** $X=-3$，$Y=1$；或 $X=4$，$Y=-1$    **2.** $X=-2$，$Y=1$；或 $X=8$，$Y=-3$    **3.** $X=-5$，$Y=1$；或 $X=6$，$Y=-1$    **4.** $X=-5$，$Y=1$；或 $X=7$，$Y=-1$    **5.** $X=-5$，$Y=2$；或 $X=8$，$Y=-3$    **6.** $X=-20$，$Y=8$；或 $X=32$，$Y=-12$

解答 239

# 第 3 章

## 練習 3.1

1. 真分數有 $\frac{4}{7}$、$\frac{6}{13}$、$\frac{55}{67}$、$\frac{27}{74}$；假分數有 $\frac{34}{19}$、$\frac{22}{21}$、$\frac{18}{11}$；帶分數有 $5\frac{1}{3}$、$46\frac{3}{4}$、$31\frac{5}{8}$  2. $4\frac{3}{5}$、$6\frac{4}{7}$、$8$、$4\frac{2}{3}$、$5\frac{11}{13}$、$9\frac{3}{11}$、$7\frac{1}{25}$、$12\frac{10}{17}$、$14\frac{3}{22}$、$30\frac{11}{13}$  3. $\frac{25}{7}$、$\frac{51}{4}$、$\frac{77}{9}$、$\frac{521}{15}$、$\frac{139}{6}$、$\frac{128}{7}$、$\frac{169}{3}$、$\frac{468}{11}$、$\frac{203}{8}$、$\frac{1712}{25}$

## 練習 3.2

I. 1. $\frac{7}{10}$  2. $1\frac{3}{8}$  3. $1\frac{34}{63}$  4. $1\frac{13}{21}$  5. $1\frac{15}{143}$  6. $18\frac{49}{80}$  7. $2\frac{29}{195}$  8. $13\frac{17}{36}$  9. $8\frac{19}{60}$  10. $9\frac{7}{12}$  11. $1$  12. $6\frac{1}{12}$  13. $7\frac{2}{5}$  14. $7\frac{103}{104}$  15. $8\frac{121}{180}$  16. $5\frac{11}{21}$  17. $11\frac{19}{60}$  18. $6\frac{3}{8}$  19. $1\frac{69}{242}$  20. $5\frac{11}{420}$  21. $5\frac{7}{30}$  22. $11\frac{39}{40}$  23. $8\frac{4}{9}$  24. $23\frac{13}{15}$

II. 1. $\frac{11}{10} > \frac{21}{20} > \frac{101}{100}$  2. $\frac{13}{15} > \frac{17}{20} > \frac{5}{6}$  3. $\frac{14}{3} > 4\frac{1}{2} > \frac{22}{5}$  4. $\frac{49}{4} > \frac{61}{5} > \frac{35}{3}$  5. $\frac{4}{7} > \frac{5}{9} > \frac{7}{15} > \frac{5}{11}$  6. $\frac{3}{8} > \frac{11}{30} > \frac{4}{11} > \frac{7}{20}$

## 練習 3.3

1. $\frac{1}{6}$  2. $\frac{1}{40}$  3. $\frac{27}{28}$  4. $1\frac{19}{26}$  5. $\frac{17}{24}$  6. $\frac{136}{143}$  7. $1\frac{11}{40}$  8. $\frac{139}{200}$  9. $\frac{29}{60}$  10. $\frac{79}{110}$  11. $2\frac{7}{52}$  12. $\frac{27}{70}$  13. $3\frac{19}{24}$  14. $5\frac{46}{105}$  15. $2\frac{23}{36}$  16. $2\frac{55}{92}$  17. $2\frac{17}{24}$  18. $2\frac{51}{154}$  19. $\frac{163}{304}$  20. $\frac{79}{220}$

## 練習 3.4

1. $\frac{2}{15}$  2. $\frac{9}{28}$  3. $88\frac{2}{3}$  4. $8\frac{26}{27}$  5. $28\frac{2}{7}$  6. $216\frac{3}{4}$  7. $19\frac{1}{2}$  8. $13\frac{21}{52}$  9. $212$  10. $33\frac{1}{18}$  11. $5\frac{65}{92}$  12. $277\frac{3}{10}$  13. $95$  14. $294\frac{6}{7}$  15. $41\frac{1}{4}$  16. $31\frac{23}{35}$  17. $317\frac{1}{3}$  18. $52\frac{63}{80}$  19. $57\frac{1}{18}$  20. $359\frac{1}{10}$

## 練習 3.5

1. $6$  2. $4\frac{2}{5}$  3. $\frac{2}{5}$  4. $\frac{31}{33}$  5. $2\frac{719}{1863}$  6. $2\frac{16}{37}$  7. $\frac{100}{999}$  8. $\frac{1107}{6776}$  9. $9\frac{1}{15}$  10. $3\frac{127}{189}$  11. $1\frac{361}{1184}$  12. $3\frac{63}{190}$  13. $28\frac{17}{31}$  14. $\frac{369}{1708}$  15. $4\frac{24}{29}$  16. $1\frac{194}{2601}$  17. $4\frac{23}{100}$  18. $2\frac{19}{27}$  19. $2\frac{67}{208}$  20. $\frac{292}{425}$

# 第 4 章

## 練習 4.1

I. 1. $0.02$  2. $0.88$  3. $0.016$  4. $0.425$  5. $2.5$  6. $0.35$  7. $0.6$  8. $0.125$  9. $0.24$  10. $0.68$

II. 1. $\frac{17}{100}$  2. $3\frac{41}{500}$  3. $1\frac{17}{20}$  4. $4\frac{1}{20}$  5. $\frac{313}{500}$  6. $8\frac{333}{500}$  7. $15\frac{3}{20}$  8. $21\frac{3}{10}$  9. $8\frac{19}{50}$  10. $12\frac{6}{25}$

解答   241

## 練習 4.2

1. 4.04   2. 27.79   3. 16.47   4. 23.926   5. 15.03   6. 80.2   7. 45.2   8. 77.47   9. 33.752   10. 16.623   11. 3.8154   12. 32.0726   13. 139.31   14. 37.289   15. 34.93   16. 27.46   17. 63.76   18. 9.327   19. 20.396   20. 443.86   21. 153.1   22. 62.98   23. 153.322   24. 60.264   25. 81.003   26. 409.298   27. 63.364   28. 425.749   29. 1029.51   30. 109.744

## 練習 4.3

1. 0.72   2. 3.3   3. 0.081   4. 1.62   5. 0.237   6. 4.85   7. 7.1   8. 1.63   9. 54.2   10. 16.3   11. 1.89   12. 2.836   13. 15.88   14. 11.05   15. 8.853   16. 37.79   17. 17.8   18. 158.8   19. 51.203   20. 12.83   21. 27.699   22. 25.701   23. 13.884   24. 172.63   25. 1245.16   26. 130.191   27. 33.593   28. 61.255   29. 1490.755   30. 1417.121

## 練習 4.4

1. 9.6   2. 21   3. 42.3   4. 34   5. 124.7   6. 100.8   7. 3.12   8. 29.05   9. 17.55   10. 13.68   11. 10.36   12. 32.074   13. 150.12   14.

150  **15.** 14.118  **16.** 2.0976  **17.** 6.076  **18.** 4.9842  **19.** 7247.8  **20.** 2131.5  **21.** 23658.8  **22.** 1740.51  **23.** 104.788  **24.** 149.358  **25.** 760.72  **26.** 26.3132  **27.** 7378  **28.** 240.81  **29.** 10852.8  **30.** 50.2196

## 練習 4.5

**1.** 1.2  **2.** 0.48  **3.** 0.17  **4.** 2.7  **5.** 2.01
**6.** 0.15  **7.** 0.32  **8.** 2.41  **9.** 0.034  **10.** 0.52
**11.** 0.25  **12.** 0.125  **13.** 280  **14.** 0.0625  **15.** 50.15  **16.** 110  **17.** 0.25  **18.** 125  **19.** 20240
**20.** 132.4  **21.** 0.142  **22.** 3050  **23.** 18.5  **24.** 28  **25.** 21.8  **26.** 125  **27.** 26500  **28.** 1287.5
**29.** 68.2  **30.** 4.18

## 練習 4.6

I. **1.** $0.\overline{428571}$  **2.** $0.\overline{18}$  **3.** $7.\overline{3}$  **4.** $2.\overline{6}$  **5.** $3.\overline{4}$
**6.** $1.\overline{923076}$  **7.** $3.\overline{5294117647058823}$
**8.** $1.\overline{052631578947368421}$  **9.** $1.\overline{538461}$  **10.** $5.\overline{846153}$

II. **1.** 1  **2.** $4\frac{71}{495}$  **3.** $6\frac{121}{9990}$  **4.** $2\frac{8737}{9900}$  **5.** $\frac{704}{999}$
**6.** $10\frac{23}{55}$  **7.** $\frac{1213}{9999}$  **8.** $4\frac{37}{9900}$  **9.** $1\frac{334}{3333}$  **10.** $3\frac{107}{150}$
**11.** $12\frac{3148}{9999}$  **12.** $\frac{256}{999}$

# 第 5 章

## 練習 5.1

1. $-16$  2. $-2.4$  3. $-62$  4. $-22$  5. $-1.09$
6. $-117$  7. $-\frac{3}{8}$  8. $-\frac{1}{39}$  9. $-6$  10. $-0.37$
11. $-7.8$  12. $-66$  13. $-78$  14. $-154$  15. $-16\frac{37}{72}$  16. $-7\frac{5}{12}$  17. $77$  18. $213$  19. $-2.098$  20. $3.5$  21. $12.4$  22. $142$  23. $3\frac{3}{5}$
24. $8\frac{5}{6}$  25. $\frac{10}{21}$  26. $1\frac{4}{5}$  27. $-65.28$  28. $-88\frac{4}{5}$  29. $855$  30. $4\frac{8}{11}$

## 練習 5.2

1. $22$  2. $-12$  3. $80$  4. $17$  5. $4.69$  6. $16.53$  7. $5\frac{3}{14}$  8. $16\frac{2}{9}$  9. $20.49$  10. $2.25$
11. $3\frac{13}{22}$  12. $2\frac{31}{40}$  13. $240$  14. $108$  15. $144$
16. $816$  17. $67.5$  18. $1104$  19. $4\frac{11}{20}$  20. $2\frac{8}{11}$  21. $0.714$  22. $56.784$  23. $36\frac{3}{4}$  24. $\frac{65}{66}$
25. $368$  26. $157$  27. $-2$  28. $102$  29. $210$
30. $34$  31. $10\frac{1}{20}$  32. $-\frac{2}{15}$  33. $10.638$  34. $27.16$  35. $12\frac{5}{44}$  36. $134\frac{1}{2}$  37. $2736.2$  38. $460.3$  39. $-4\frac{1}{60}$  40. $23\frac{3}{4}$

## 練習 5.3

**1.** 56  **2.** −12  **3.** 25  **4.** 11  **5.** 69  **6.** 62
**7.** 4  **8.** 700  **9.** 27  **10.** 44  **11.** 47  **12.** 568  **13.** 7  **14.** 56  **15.** 95  **16.** 144  **17.** 504  **18.** −195  **19.** 102  **20.** 112  **21.** −9.5
**22.** 0.2  **23.** 44.3  **24.** 84.78  **25.** 5.1  **26.** 20.419  **27.** 17.52  **28.** 12.8  **29.** 160  **30.** 1589  **31.** $\frac{19}{110}$  **32.** $24\frac{5}{6}$  **33.** $\frac{86}{105}$  **34.** $1\frac{23}{52}$
**35.** $4\frac{8}{33}$  **36.** $13\frac{4}{15}$  **37.** $3\frac{23}{24}$  **38.** $\frac{7}{30}$  **39.** $21\frac{1}{22}$
**40.** $102\frac{9}{10}$

# 第 6 章

## 練習 6.2

**1.** 540 度，1080 度，$(k-2) \times 180$ 度   **2.** 24 平方公分
**3.** $7\frac{1}{2}$ 平方公分   **4.** 周長 54 公尺，面積 32 平方公尺

## 練習 6.3

**1.** $\sqrt{8} = 2\sqrt{2}$，$\sqrt{12} = 2\sqrt{3}$，$\sqrt{15}$，$\sqrt{16} = 4$，$\sqrt{18} = 3\sqrt{2}$，$\sqrt{24} = 2\sqrt{6}$，$\sqrt{49} = 7$，$\sqrt{72} = 6\sqrt{2}$，$\sqrt{81} = 9$，$\sqrt{104} = 2\sqrt{26}$，$\sqrt{132} = 2\sqrt{33}$，$\sqrt{150} = 5\sqrt{6}$，$\sqrt{169} = 13$，$\sqrt{225} = 15$   **2.** 因為 $(2.236)^2 = 4.999696 < (\sqrt{5})^2 = 5 < 5.004169 =$

解答　245

$(2.237)^2$，所以 $2.236 < \sqrt{5} < 2.237$　**3.** 因為 $(2.449)^2 = 5.997601 < (\sqrt{6})^2 = 6 < 6.0025 = (2.45)^2$，所以 $2.449 < \sqrt{6} < 2.45$　**4.** 因為 $(2.645)^2 = 6.996025 < (\sqrt{7})^2 = 7 < 7.001316 = (2.646)^2$，所以 $2.645 < \sqrt{7} < 2.646$　**5.** 因為 $(2.828)^2 = 7.997584 < (\sqrt{8})^2 = 8 < 8.003241 = (2.829)^2$，所以 $2.828 < \sqrt{8} < 2.829$　**6.** 因為 $(3.162)^2 = 9.998244 < (\sqrt{10})^2 = 10 < 10.004569 = (3.163)^2$，所以 $3.162 < \sqrt{10} < 3.163$　**7.** 6 公分　**8.** 25 公分　**9.** $4\sqrt{5}$ 公分　**10.** $4\sqrt{10}$ 公分　**11.** $2\sqrt{185}$ 公分　**12.** $2\sqrt{281}$ 公分　**13.** $\sqrt{3}$ 平方公分　**14.** $25\sqrt{3}$ 平方公分

## 練習 6.4

**1.** 周長 $36\pi$ 公分，面積 $36\pi$ 平方公分　**2.** 周長 $30 + 6\pi$ 公分，面積 $72 - 4\frac{1}{2}\pi$ 平方公分　**3.** 周長 $14 + 7\frac{2}{3}\pi$ 公分，面積 $26\frac{5}{6}\pi$ 平方公分　**4.** 周長 $\frac{\sqrt{3}}{2}\pi$ 公分，面積 $\frac{3}{16}\pi$ 平方公分　**5.** 周長 $18\pi$ 公分，面積 $27\pi$ 平方公分　**6.** 周長 $12 + 12\sqrt{2} + 6\pi$ 公分，面積 $36$ 平方公分　**7.** 周長 $12 + 9\pi$ 公分，面積 $18\pi - 36$ 平方公分　**8.** 周長 $\pi$ 公分，面積 $\frac{1}{2}\pi - 1$ 平方公分　**9.** 周長 $1 + \frac{2}{3}\pi$ 公分，面積 $\frac{1}{3}\pi - \frac{\sqrt{3}}{4}$ 平方公分　**10.** 周長 $1 + \frac{1}{3}\pi$ 公分，面積 $1 - \frac{\sqrt{3}}{4} - \frac{1}{6}\pi$ 平方公分　**11.** 周長 $\frac{1}{2}\pi$ 公分，面積 $\frac{\sqrt{3}}{2} - 1 + \frac{1}{12}\pi$ 平方公分　**12.** 周長 $\frac{2}{3}\pi$ 公分，面積 $1 - \sqrt{3} + \frac{1}{3}\pi$ 平方公分

# 第 7 章

## 練習 7.1

1. 343 立方公分   2. 2880 立方公分   3. 6 公分   4. 15 公分   5. 9 公分   6. 11 公分   7. 14 公分   8. 384 立方公分   9. 2 立方公分   10. 624 立方公分   11. 210 立方公分   12. 144 立方公分

## 練習 7.2

1. 336 立方公分   2. 15 公分   3. 44 平方公分   4. 1280 立方公分，768 平方公分   5. 336 立方公分，292 平方公分   6. 1320 立方公分，812 平方公分   7. $375\sqrt{3}$ 立方公分，$450 + 50\sqrt{3}$ 平方公分   8. $128\sqrt{3}$ 立方公分，$192 + 32\sqrt{3}$ 平方公分   9. $432\pi$ 立方公分，$216\pi$ 平方公分   10. $900\pi$ 立方公分，$380\pi$ 平方公分

## 練習 7.3

1. 32 立方公分   2. 9 公分   3. 8 平方公分   4. 825 立方公分   5. $\frac{500\sqrt{3}}{3}$ 立方公分   6. $400\pi$ 立方公分   7. 體積 $12\sqrt{3}$ 立方公分，表面積 $9\sqrt{3} + 9\sqrt{19}$ 平方公分   8. 體積 $21\frac{1}{3}$ 立方公分，表面積 $16 + 16\sqrt{5}$ 平方公分   9. 體積 $9\frac{1}{3}$ 立方公分，表面積 $4 + 20\sqrt{2}$ 平方公分   10. (i) 體積 $\frac{16}{3}\pi$ 立方公分，表面積 $4\pi + 4\sqrt{5}\pi$ 平方公分；(ii) 體

解答

積 $96\pi$ 立方公分，表面積 $96\pi$ 平方公分；(iii) 體積 $\pi$ 立方公分，表面積 $\pi + \sqrt{10}\pi$ 平方公分　　11. (i) 體積 $168\pi$ 立方公分，表面積 $68\pi + 60\sqrt{2}\pi$ 平方公分；(ii) 體積 $37\frac{1}{3}\pi$ 立方公分，表面積 $20\pi + 12\sqrt{5}\pi$ 平方公分

## 練習 7.4

1. 84000 立方公分　　2. 1836 塊　　3. 1760 塊　　4. 3267 杯　　5. 23 杯　　6. $12\frac{5}{7}$ 公分　　7. 1100 立方公分

# 第 8 章

## 練習 8.1

1. 48000 罐　　2. 14904 秒　　3. 2 小時 7 分 28 秒　　4. 10 小時 40 分　　5. 29 小時 10 分　　6. 33 小時 20 分　　7. 9000 瓶

## 練習 8.2

1. 自甲地駛往乙地需 2.4 小時，自乙地駛往甲地需 12 小時
2. 自甲地駛往乙地需 $2\frac{2}{3}$ 小時，自乙地駛往甲地需 8 小時
3. 5 公里　　4. 自甲地駛往乙地需 3 小時　　5. 5 公里

## 練習 8.3

**1.** 402 盞路燈　　**2.** 179 棵樹　　**3.** 122 盞路燈　　**4.** 80 根柱子　　**5.** 5 雙筷子

## 練習 8.4

**1.** 225 公尺　　**2.** 210 秒　　**3.** 64.5 秒　　**4.** 435 公尺　　**5.** 30 公尺

## 練習 8.5

**1.** 雞 13 隻，兔子 2 隻　　**2.** 雞 8 隻，兔子 12 隻　　**3.** 雞 15 隻，兔子 6 隻　　**4.** 汽車 8 輛，機車 3 輛　　**5.** 汽車 8 輛，機車 15 輛　　**6.** 汽車 20 輛，機車 11 輛　　**7.** 三輪車 6 輛，腳踏車 5 輛　　**8.** 三輪車 10 輛，腳踏車 13 輛　　**9.** 三輪車 9 輛，腳踏車 9 輛　　**10.** 三輪車 14 輛，腳踏車 20 輛

## 練習 8.6

**1.** 1326 種不同的組合　　**2.** 286 種不同的組合　　**3.** 120 個不同的 5 位數　　**4.** 12 個不同的 4 位數　　**5.** 720 種不同的排法　　**6.** 120 種不同的坐法　　**7.** 3 種不同的排法　　**8.** 1 種排法

解答

## 練習 8.7

1. 13，43，73
2. 最小是 16，最大是 121
3. 最小是 11，最大是 131
4. 最小是 31，最大是 283
5. 最小是 113，最大是 806

國家圖書館出版品預行編目資料

初等數學 / 程守慶著. -- 初版. -- 新北市：華藝數位股份有限公司學術出版部出版：華藝數位股份有限公司發行, 2021.08
　面；　公分
ISBN 978-986-437-191-4(平裝)
1.數學
310　　　　　　　　　　　　　　　110012601

# 初等數學

| 作　　者 | 程守慶 |
| 責任編輯 | 姚秉毅 |
| 封面設計 | 蔡宜珊 |
| 版面編排 | 姚秉毅 |

| 發 行 人 | 常效宇 |
| 總 編 輯 | 張慧銖 |
| 業　　務 | 吳怡慧 |
| 出　　版 | 華藝數位股份有限公司　學術出版部（Ainosco Press） |
| | 地　　址：234 新北市永和區成功路一段 80 號 18 樓 |
| | 電　　話：(02)2926-6006　傳真：(02)2923-5151 |
| | 服務信箱：press@airiti.com |
| 發　　行 | 華藝數位股份有限公司 |
| | 戶名（郵政／銀行）：華藝數位股份有限公司 |
| | 郵政劃撥帳號：50027465 |
| | 銀行匯款帳號：0174440019696（玉山商業銀行 埔墘分行） |
| 法律顧問 | 立暘法律事務所　歐宇倫律師 |
| ISBN | 978-986-437-191-4 |
| DOI | 10.978.986437/1914 |
| 出版日期 | 2021 年 8 月初版 |
| 定　　價 | 新台幣 540 元 |

版權所有・翻印必究　　Printed in Taiwan
（如有缺頁或破損，請寄回本社更換，謝謝）

國家圖書館出版品預行編目資料

飄泊中的永恆／喬健 著
--初版.-- 臺北縣永和市：Airiti Press, 2010.2
面； 公分

ISBN 978-986-6286-07-0 (平裝)
1.文化人類學 2.田野工作 3.筆記

541.307　　　　　　　　　　　　99001695

## 飄泊中的永恆

作者／喬健
總編輯／張芸
責任編輯／呂環延
版面構成／吳雅瑜
封面設計／鄭蕢潔
校對／張安怡
法律顧問／立暘法律事務所 歐宇倫律師

發行者／Airiti Press Inc.
地址／臺北縣永和市成功路一段80號18樓
電話／(02)2926-6006
傳真／(02)2231-7711
Email／press@airiti.com
帳戶／華藝數位股份有限公司
銀行／國泰世華銀行 中和分行
帳號／045039022102

ISBN／978-986-6286-07-0
出版日期／2010年2月初版
定價／新台幣NT$400元

©Airiti Press Inc. 版權所有・翻印必究